水産学シリーズ

162

日本水産学会監修

市民参加による浅場の順応的管理

瀬戸雅文 編

2009・10

恒星社厚生閣

まえがき

　太陽光が海底まで届き，光合成による基礎生産が活発に行われている，概ね水深10mまでの海域を，本書では浅場と称する．浅場は，潮干狩りやダイビングなどで市民が海と身近に接する親水域であるとともに，磯根資源や二枚貝資源の漁場として，さらには沿岸域に生息する多くの生物のゆりかごとして海の豊かさを支える重要な役割を果たしている．浅場では，古来より竹ひびに付着した稚ガキを干潟に蒔いたり，砂面に小石を並べてカキ幼生を着生させたり，投石によるコンブの増産など，海の営みに着想した独創的な生物生産法が試行されてきた．この浅場と日々対話しながら，その変化に応じて技法を改良する中で，現代にも通じる水産増養殖技術の礎が築かれてきた．海の神秘を崇拝しながら収穫された海の恵みを余すことなく利用する，わが国固有の魚食文化も，この浅場を利用する営みと一体化する過程で形成され深化したものであろう．

　浅場は，戦後の高度経済成長の陰で，工業用地などの産業拠点，港湾などの物流拠点，さらに都会では，ウォーターフロント開発の振興とともに商業地や文化施設・住宅地などに変貌し，魚食文化の発信地であった漁村集落は次々と姿を消した．近代的な社会活動の実現に向けて海岸線は人工構造物で防護され，防災，環境，交通，都市施設などの諸課題を着実に解決する中で土木工学技術は飛躍的な進化を遂げた．1952年に発足した浅海増殖開発事業より始まる一連の漁場造成事業は，土木工学技術を基礎として独自の進化を遂げながら全国各地で浅場の造成や修復に寄与してきた．

　現在，水産土木技術の進展とは裏腹に，浅場から多くの生物が姿を消した．沿岸漁業の衰退につれて，それに伴う魚食文化も陰を潜め，特に若年層を中心に魚離れが急速に進行している．先人にとっては偉大なる海も，現代の物質文明がもたらした大量生産・大量消費型社会おいては決して計り知れない存在ではなくなった．

　海にも，地域固有の自然環境に応じて生物を養うことができる限界が存在する．幼稚魚の保育場を破壊したり，再生限界を超える水産物を漁獲したり，あるいは収容限界を大幅に上回る水産生物を放流したり増殖しようとすれば，や

がて海のバランスは崩壊し，海の幸も姿を消してしまう．さらに近年，海の環境収容力が人為関与に関わらず長期的，不確実的に大きく変動することがわかってきた．

不確実的に変動する環境収容力に順応しながら漁場造成や環境修復を実現するための考え方は，予め人為的に設定された社会目標の実現に向けて産業・物流・生活拠点を整備する目標達成型の技術体系とは本質的に異なっている．先人が崇拝した海の神秘は，不確実的な変動性として蘇り，現代の科学に恒久的な難題を投げかけている．

社会経済が成長型から安定・成熟型に転換し，生活の利便性にも増して自然環境の有限性に対する国民の危機意識は確実に変化しはじめている．時代が大きな変曲点にあることを基本認識として，今一度，先人の教えに耳を傾け，浅場を通して海の神秘を見つめ直し，海の変化を日々確かめながら，海の恵みを育て収穫するための科学技術を涵養させる時代が到来している．

本書では，まず，浅場の環境変動や生態系の複雑性に加えて，漁業者の減少や高齢化，市民の環境保全に対する意識の高揚など，浅場の環境を取り巻く環境や社会情勢の様々な変化を前提とした「浅場づくり」の考え方について概説する．続いて，市民と漁業がうまく連携しながら本来の浅場を取り戻すために必要となる合意形成のプロセスや環境モニタリングのあり方について，さきがけ的な実例を交えながら改善策や問題点を抽出し，浅場における順応的管理の将来像を洞察する．

2009 年 7 月

瀬戸　雅文

市民参加による浅場の順応的管理　目次

まえがき……………………………………………………（瀬戸雅文）

I．浅場の環境と管理
1章 浅場の変動性に応じた漁場の造成と管理
……………………………………（瀬戸雅文）……… 9
§1．浅場資源の変動性と不確実性（9）　§2．浅場環境の非可逆的変化（13）　§3．浅場を取りまく社会構造の変化（15）　§4．水産増殖における変動性（17）　§5．水産公共事業に内在する定常性（20）　§6．変動性に応じた浅場づくり（22）　§7．浅場の順応的管理に向けて（26）

2章 順応的管理の理念と生態系管理の課題
…………………………（松田裕之・佐々木茂樹）………33
§1．順応的管理とは（33）　§2．生物多様性保全における8つの戒め（35）　§3．生物学的許容漁獲量の決定規則（35）　§4．リスク管理の前提とは（36）　§5．知床世界遺産の登録経過（39）　§6．リスク管理の基本手続き（40）　§7．順応的管理の7つの鉄則（41）　§8．生態系管理に配慮した浅場造成に向けて（43）

3章 生態系の連続性を考慮した浅場の再生
………（林文慶・田中昌宏・高山百合子・片倉徳男）………46
§1．生物生息場の環境評価手法（47）　§2．環境評価に基づいた設計と施工（49）　§3．浅場造成のための現地実験（50）　§4．今後の展開（56）

Ⅱ. 市民参加の仕組みと効果
4章 浅場の造成における市民の参加プロセス
……………………………………………（伊藤　靖）………58
§1. 浅場造成への市民参加の歴史的背景（59）　§2. 浅場造成における市民参加の意義と効果（59）　§3. 市民参加による浅場造成プロセスの概要（65）

5章 市民参加による海づくりの推進
……………………………………………（工藤孝浩）………71
§1. 市民発意のアマモ場再生と中間支援組織の誕生（72）　§2. 順応的管理によるアマモ場の再生（74）　§3. 市民参加によるアマモ場の生物調査（77）　§4. コンフリクトの発生と合意形成（79）　§5. 新たな「海づくり」の場として（84）

6章 水産業の公益性と市民・行政・漁業者の協働
……………………………………………（清野聡子）………87
§1. 水産業における「公」の理念再考（87）　§2. 日本の沿岸の法制度における「市民」の登場と展開（88）　§3.「海は誰のものか？」（90）　§4. 大分県中津市－干潟漁場への市民参加（91）　§5. 青森県下北郡大畑町の事例－地域知から生まれた自然共生工法（97）　§6. 海岸漂着ゴミと島嶼の地域社会－「地域知」の沿岸域管理への展開（101）　§7. 水産学研究の一分野としての未来（104）

Ⅲ. 順応的管理の実践と課題
7章 順応的にすすめる岩礁性生態系の修復と管理
……………………………………（綿貫啓・桑原久実）……107
§1. 藻場とは（108）　§2. 磯焼けとは（109）　§3. 順応的に進める磯焼け対策（112）　§4. 磯焼け対策の実施体制（119）　§5. 一般市民による磯焼け対策（120）　§6. 藻場の修復や藻場造成の課題（124）

8章 市民と取り組む人工干潟の造成と管理
……………………（中瀬浩太・石橋克己・木村賢史）…… *126*
§1. 大森ふるさとの浜辺公園の経緯（*126*）　§2. 大森ふるさとの浜辺公園の概要（*128*）　§3. モニタリング（*130*）　§4. モニタリング結果の集約と反映（*140*）　§5. 将来に向けて（*142*）

9章 アマモ場を核とした浅場漁場の順応的管理
………………………………………（鳥井正也）…… *145*
§1. 岡山県におけるアマモ場再生の必要性と漁場造成における基本的な考え方（*146*）　§2. アマモ場再生を柱とした漁場造成の事例（*147*）　§3. 今後の展開（*155*）

Adaptive Management of Shallow Waters with Participation of Local People and Communities

Edited by Masabumi Seto

Preface   Masabumi Seto

I. Environment and management of shallow waters
    1. Creation and management of fishing grounds based on the variability in shallow Waters   Masabumi Seto
    2. Principles of adaptive management and challenges facing ecosystem management   Hiroyuki Matsuda and Shigeki Sasaki
    3. Restoration of shallow waters as well as inshore habitats by leveraging ecological relations   Boon Keng Lim, Masahiro Tanaka, Yuriko Takayama and Norio Katakura

II. Schemes and effects of community participation
    4. Processes for community participation in restoring and creating shallow waters   Yasuhi Ito
    5. Local community sectors to support enrichment of fishery environment   Takahiro Kudo
    6. Public interests of the fishery industry and collaboration of citizens, adminitsration, and fishery people   Satoquo Seino

III. Implementation of adaptive management and challenges to be addressed
    7. Adaptive approaches to restoration and management of reef ecosystem   Akira Watanuki and Hisami Kuwahara
    8. Creation and management of artificial tidelands undertaken in collaboration with local people and communities
                        Kota Nakase, Katsumi Ishibashi and Kenshi Kimura
    9. Adaptive management of shallow-water fishing grounds based on Zostera beds   Masaya Torii

I. 浅場の環境と管理

1章 浅場の変動性に応じた漁場の造成と管理

瀬戸雅文*

§1. 浅場資源の変動性と不確実性

　沿岸域に点在する貝塚が物語るように，浅場は，水産資源の最も身近な宝庫，集落共有の財産として適切に管理されながら歴史的に利用されてきた．現在，ほとんどの浅場には共同漁業権が設定され，漁業協同組合，あるいは漁業協同組合連合会が権利主体となって，水産利用と漁場の維持・管理が実施されるとともに，公共投資に基づく漁場の整備が30年以上にわたって継続されている．

　図1・1は代表的な磯根資源である海藻類（コンブ類，ワカメ類），アワビ類，サザエ，ウニ類，および干潟・砂泥域の重要種であるアサリ類，ハマグリ類，ウバガイの，わが国における生産量の30年にわたる推移を示したものである[1]．これより，コンブ類は1970年代をピークに減少傾向が継続しており，冬季における水温の上昇や栄養塩類の濃度低下，さらに海況変動に依存した植食動物の活性化などとの関係が指摘されている．ワカメ類は1960年代に発展した養殖技術の普及や，1970年代以降の商品化技術の確立などによって養殖ワカメが生産

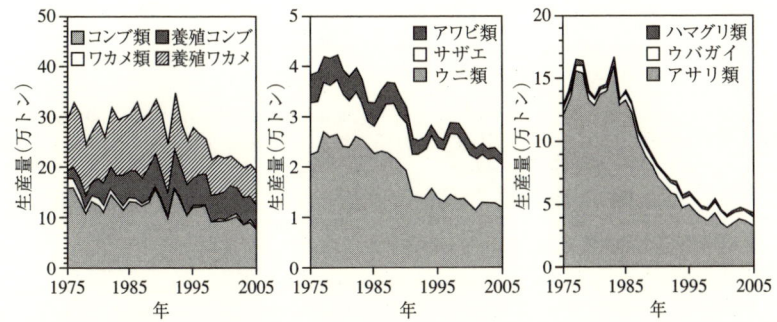

図1・1　浅場における主要な水産資源の生産量の推移[1]（積み上げ面グラフで表示）

---

* 福井県立大学海洋生物資源学部

の大半を占めているが，近年では輸入品に追われて減少傾向を呈している．高級食材として人気の高いアワビ類やウニ類においては，1970年代以降，寒海種のエゾアワビで資源低下が確認され，1980年代後半からは暖海性のアワビやウニ類においても減少傾向が続いている[2]．これら植食動物の減少要因については，低水温の影響，磯焼けの持続要因との関連性に加えて，乱獲や人工種苗の過剰放流による遺伝的多様性の低下などが指摘されている．一方，サザエは，卓越年級群に依存した変動はあるものの，他の磯根資源のような減少傾向は認められない．

　干潟の代表的な水産対象種であるアサリ資源は，変動過程に海域性が認められるが，わが国における総生産量を見れば，1983年を境として急速に減少してピーク時の1/3以下で低迷している．ハマグリ類は，内湾性のハマグリを中心として1980年に激減して以降，回復傾向が認められず絶滅が危ぶまれる海域も発生している[3]．これら二枚貝類の減少要因については，埋め立て，干拓，河川改修などに伴う生息地の減少や漁場環境の悪化に加えて，乱獲や食害対策など資源管理上の問題も指摘されている．一方，ウバガイにおいては，卓越発生群を徹底して管理することなどによって，現在も資源量は総じて安定的に推移している．

　図1·2 (a) は，わが国におけるウニ類生産量に対するアワビ類，サザエ生産量の関係，図1·2 (b) はアサリ類生産量に対するハマグリ類，ウバガイ生産量の関係を1956年から2005年まで各年ごとにプロットしたものである．これよ

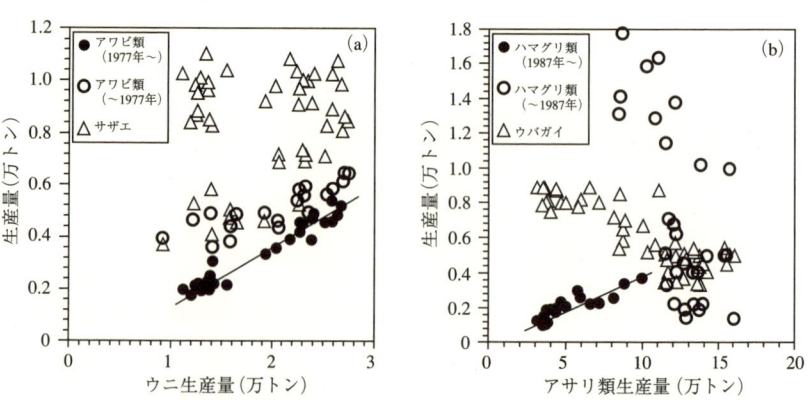

図1·2　(a)　ウニ類生産量に対するアワビ類生産量とサザエ類生産量の相関性，
　　　　(b)　アサリ類生産量に対すハマグリ類生産量とウバガイ生産量の相関性

りウニ類とアワビ類には1977年以降，アサリ類とハマグリ類については1987年以降，両者の減少過程に正の相関が認められ，岩礁域，砂浜域のそれぞれにおいて非可逆的な要因に依存した系統的な圧力が浅場資源に作用していることが示唆される．

一方，顕著な資源の衰退が認められないサザエとウバガイに共通する要因としては，両者とも他の浅場資源と比較して成体の生息水深が深いことが上げられる．サザエは比較的深所でも生育可能な紅藻類を優先的に摂餌するとともに，海藻の現存状況に応じて様々な種を摂食していることが指摘されている[4]．これより，サザエ大型個体の生息する20~30m程度の水深帯では顕著な海藻群落の衰退が発生していないことがうかがえる．また，ウバガイにおいては，ハマグリ類の中で比較的資源が安定しているチョウセンハマグリとともに，波浪などによる物理的攪乱の大きな外洋に面し，河川水や有機物の流入が少ない細砂底に生息していることとの関連性が示唆される．

図1・3は，わが国で最大規模の磯焼けが持続している北海道日本海の南西海域に位置する岩内町，および隣接する泊村地先におけるホソメコンブ生産量，ホソメコンブを主体とする有用海藻群落の繁茂面積，および藻場周辺海域における本種発生期（2月）の水温，硝酸塩濃度の経年変化を示したものである[5,6]．ホソメコンブは，大型1年生海藻のため，多年生種と比較して発生期の着生環境が群落形成に反映され易い特性を有している．図1・3より，本種の発生期における水温，栄養塩類には，日変動や経年的な変動が認められる．このような環境変動を背景として，ホソメコンブの繁茂面積や繁茂密度にも顕著な年変動が形成されている．さらに，これらの指標値の推定に使用される各種データには計測位置，日時の差違に加えて，計測誤差や解析上の誤差が含まれてくる．筆者ら[7]は，北海道日本海周辺の理化学環境の変動特性を数値モデルで再現し，当該域におけるホソメコンブの幼芽形成に関わる配偶体の成熟に，冬~春季の硝酸塩濃度が主因的に影響を及ぼし，対馬暖流の津軽海峡流と日本海北上流への分岐過程の長期変動が，当該域におけるホソメコンブの消長に大きな影響を及ぼすことを導いたが，この場合，解析に使用した数値モデルの妥当性も結論を左右する不確実的な要因となる．

自然界における個体群のランダムなふるまいは，概して確率性，不明確性，

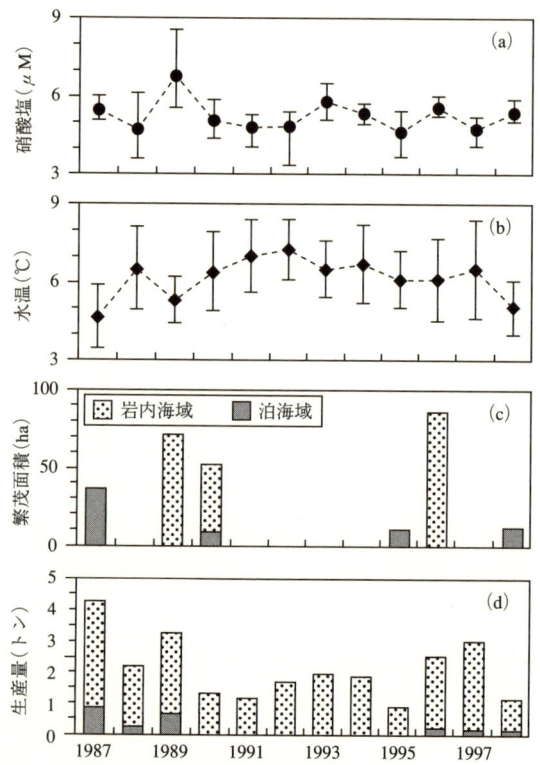

図1・3 北海道の日本海南西海域に位置する岩内町および泊村地先における (a) 硝酸塩, (b) 水温, (c) 有用海藻の繁茂面積, (d) コンブ生産量の推移[5,6] ((a) および (b) の図中のシンボルは2月の平均値, バーは2月内における変動幅を表示)

不完全性の3つに分類される．個体群のサイズは生存率，繁殖率，性比の不均等などに応じて偶然的に変動する．このように個体群サイズの縮小化とともに顕在化し，絶滅の引き金にもなり得る変動要因は人口学的確率性と呼ばれ，個体群動態に関わる様々な環境要因の偶然的な変動過程に由来した環境学的確率性とともに変動性と呼ばれている．一方，個体群動態に対するわれわれの知りうる知識の欠如や無知より生ずる不明確性，および，個体群動態の解析過程で発生する人為的な間違いより生ずる不完全性は不確実性と呼ばれている．

浅場資源の動態は，当該域を取り巻く理化学的，生物学的，人為的な種々の環境要因と複雑に関連し，変動性と不確実性に満ち溢れている．

§2. 浅場環境の非可逆的変化

わが国沿岸の，広範囲におよぶ水産資源の衰退要因については，海洋生態系のレジームシフトや地球温暖化などの海洋環境の広域的な長期変動過程と関連づけて議論される場合が多い．しかしながら，海岸保全施設の設置水深より沖合に生息可能なウバガイやサザエで資源低下が認められない状況より推察すれば，より浅所における広域的な環境変化が，図1・1に見られるような非可逆的な衰退を招いていることも考えられる．

わが国では，河川に設置された3,000余りの貯水ダムや砂防ダムによって，沿岸海域へ供給される砂の量が減少し，港湾などの大型構造物の整備なども影響して，昭和30年代を転機に海岸侵食が顕在化した[8]．さらに，ウォータフロント開発などに伴う海岸保全対策も加わって，海岸線には堤防，護岸，離岸堤，人工リーフなどの消波構造物が整備され続けてきた．その結果，海岸線総延長に占める自然海岸率は，1960年の78%より1998年には53%にまで減少し，年々低下し続けている（図1・4参照）[9]．

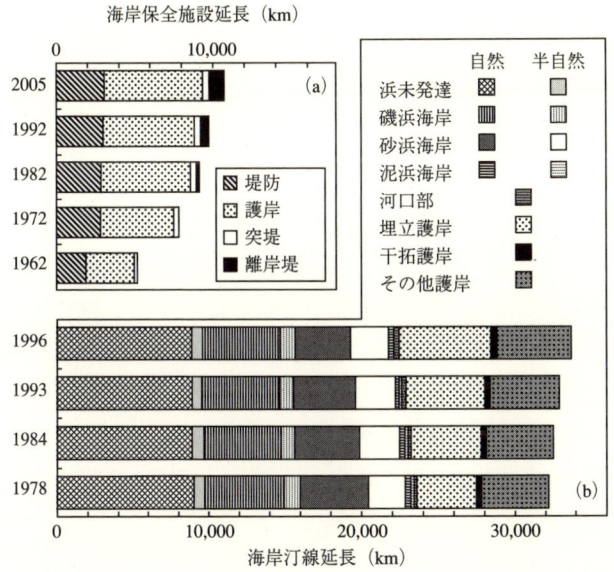

図1・4 (a) 海岸保全施設の整備状況の変遷，(b) 海岸汀線の区分別延長距離の変遷

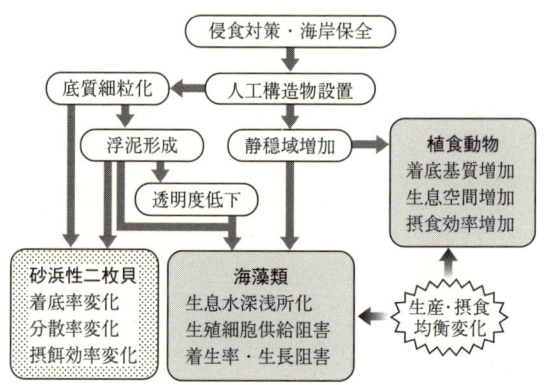

図1・5　海岸環境の人為的改変が浅場の生物に与える影響

　一昔前と比べて，浜辺には静穏な空間が拡がり続け，おびただしい数のブロックが作り出す空隙が，人工の岩礁帯として磯根資源に一時的な生息空間を提供している．これらの施設は，概して当該個体群の継続的な生息場所として機能するためにはスケールが小さすぎるため，漂着した個体の安住の地とはなり難い．
　図1・5は，主として海岸保全を目的として浅場に設置される人工構造物が浅場に生息する砂浜性生物や磯根生物に与える影響を模式的に示したものである．浅場における波浪静穏域の増加は，浅場資源の浮遊幼生や遊走子の分散スケールを縮小化し，着底適地の選択範囲を限定化する．さらに，ウニ類幼生の浮遊期間が2～15週間程度，アワビ類では数日であるのに対して，例えば，コンブ類では数時間から半日程度と報告されているように，海藻類は概して着生までに要する分散スケールが小さい．このため，波浪静穏域の増加に伴う海藻類の相対的な分散率の低下は，植食動物の増加と藻場の衰退を招き，両者のバランスを磯焼け方向にシフトさせる．また，波浪静穏域の拡大は底質粒径の細粒化を促進し，基質表面に堆積した浮泥が海藻の着生や生長を阻害するとともに，透明度の低下は藻場の生息下限水深の浅所化を進行させる．さらに，全国各地の港湾を対象とした付着生物調査結果より，種類数，出現量ともに，付着動物は海藻類と比較して波浪に対する耐性が弱いことが報告されている[10]．したがって，浅場海域における波浪静穏域の増加は，植食動物の摂餌圧を増加させ，植食動物の摂餌量と海藻生産量の均衡が崩れて，食害による磯焼けを顕在化させるこ

とが懸念される．

　アサリなどの二枚貝類は，産卵後，数週間程度の浮遊幼生期に広範囲に分散し，浮遊期間内の分散過程や着底条件が，資源加入量の多寡に大きな影響を及ぼすことが指摘されている．二枚貝浮遊幼生においては，底質の選択性が螺旋軌道状の遊泳行動特性に規定されて必然的に形成され，アサリ浮遊幼生においては，底質粒径 1mm 以上の極粗砂に選択的に着底することが指摘されている[11]．

　一般にアサリの生息場が内湾の干潟域や河口域であることは広く認められているが，梅雨時期や秋の増水期に河川を通して供給される比較的粗い粒径の底質内にアサリ浮遊幼生が選択的に着底できれば，底質移動が活発な粗砂の分散機構に依存しながら餌料環境に応じた生息密度まで海域内に広く分散することができる．ダム建設などに伴う，特に粒径の粗い土砂の河口域への供給量の減少や，海岸構造物の設置に伴う底質粒径の細粒化は，ともにアサリ資源の初期生活史における着底率の低下や，初期稚貝における分散率の低下をもたらし，資源量の非可逆的な衰退傾向を強める要因として作用することが懸念される．

§3. 浅場を取りまく社会構造の変化

　2003 年に公表された第 11 次漁業センサスによれば，わが国に存在する 2,176 ヶ所の漁業地区の 73.1％（1,590 地区）において，藻場，干潟，サンゴ礁などの浅場の少なくとも 1 つを有し，藻場においては 89.4％，干潟においては 61.4％の漁業地区が，当該域を漁場として利用している[12]．また，過去 1 年間に植樹活動，海浜清掃，漁業系廃棄物処理を行った漁業地区は，全体の，各 26.6％，88.7％，80.1％に上り，多くの漁業地区で漁場環境の改善へ向けた取り組みが実施されている[13]．さらに，浅場資源の保全・管理のために，藻場造成や海底の耕耘，密漁監視，移植・放流，環境モニタリング・観察，雑海藻や食害生物の除去，漂流・漂着ゴミの除去など，漁業者による様々な活動が実施されている．一方，過去に浅場を利用していたものの現在は漁場として利用していない理由として，生物資源の減少に次いで漁業就業者の減少があげられている．さらに，環境保全活動についても，53.4％の漁業者は組合員数の減少や高齢化で将来の活動が困難になると考えている．

　図 1·6（a）はわが国における漁業就業者数および年齢構成の推移を示したも

のである．2007 年における漁業就業者数は 20.4 万人でピーク時（1953 年）の 1/4 程度まで減少するとともに，60 歳以上（65 歳以上の高齢漁業者）が男性漁業者の 47.9％（37.4％）を占める反面，24 歳未満の男子漁業者は 2.7％と極僅かの若手労働力の新規加入しか認められない状況が続いている．さらに，漁業を営む個人経営体に占める専業経営体が 3 割強に留まるなど，漁村集落における漁業依存度の低下傾向も顕在化し，環境保全活動の弱体化も危惧される状況が続いている．

一方，海水浴の市民への普及を幕開けとして，海洋レジャーにおける海の利用は多様化しながら発展を遂げ，ウォータフロント開発も後押しする形で，図 1・6 (b) に示すようにレクリエーションを目的として，海面において水産動植物を採捕する遊漁者数（延べ人数）は増加の一途を辿り，2005 年度は 4,000 万人余りにも及んでいる．

近年，浅場をとりまく空間と資源の両面において，漁業者と市民との間に競合状態が深刻な事態に発展するケースも生じている．図 1・7 は漁業者，市民および行政機関による浅場空間の利用状況を概念的に示したものである．漁業者は採藻漁業，採貝漁業，刺網，潜水器漁業や一本釣り，地曳網，定置網，篭漁業など漁場の特性に応じた様々な種類の漁業を営んでいる．さらに，漁業年齢の高齢化とともに，浅場空間は安全かつ計画的に収穫可能な漁場として，今後益々利用機会が増えることが予想される．一方，市民は浜遊び，磯遊び，海水浴，環境教育，セーリングなどの空間利用，潮干狩りや遊漁，漁業体験など資源利用

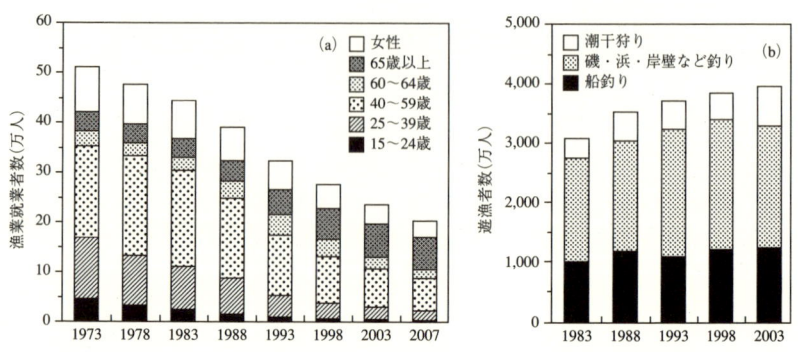

図 1・6　わが国における (a) 漁業就業者数および年齢構成の推移，(b) 遊漁者数の推移

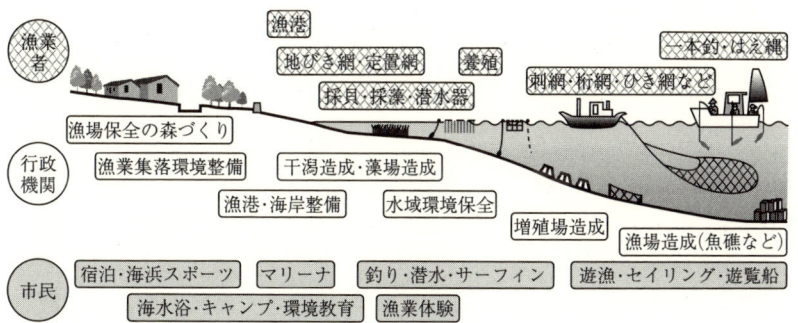

図1·7 浅場における漁業者，行政機関，市民の空間的な利用状況の模式図

の場として様々な用途で浅場を利用している．

　漁業人口の減少や高齢化が深刻化する状況において，市民との協力なくして浅場資源の管理が困難な海域も少しずつ増加している．市民が浅場の管理に参加することに否定的な漁業者の大半は，浅場漁業に対する知識や技術の未熟さ，漁業権の壁を指摘するが，少なくとも前者については，浅場造成の専門知識をもった民間企業，学生やダイバーなどの特殊技術者も増加している．浅場環境の保全や資源管理の一部を市民が肩代わりする一方で，市民にとって関心の高い環境保全運動や環境教育の場としての浅場利用が実現できるような建設的な体制づくりが望まれる．

　漁業権における権利と義務を漁業者と市民が協働で果たしながら，既存の漁業権に縛られない浅場に対する新たな価値観を見出す中で，浅場資源の持続的な有効利用へ向けた新たな管理体制を構築する時代が到来している．

§4. 水産増殖における変動性

　図1·8（a）は，水産増殖の理論的な背景を形成する水産資源の自律更新性について説明したものである．水産資源は何らかの原因で親（卵）の数が増加し，発生する稚仔数が増えれば，個々の個体が海域より獲得できる餌の量が相対的に減少するため，栄養状態が悪くなり，個体が小型化し成長が遅れる．その結果，成熟に至るまでにより長い時間を要することとなり，生き残る親の数も減って，新たに発生する稚仔の数も減少する．逆に，親（卵）の量が減少すると，個体

の大型化や成熟年齢の短縮が生じ，親になる個体数は増加する．水産資源は本来，図1·8 (b) に示すようなフィードバック系が自己調節的に機能し，海洋環境に見合った資源量（最大個体数は環境収容力と呼ばれる）を再生可能な自律更新資源である．水産資源の枯渇は，このようなフィードバックが機能不全に陥っている状況であり，これを回復・維持，あるいは生物の繁殖と育成を積極的に助長・増大させるための様々な取り組みが水産増殖と称して全国各地で実施されている（表1·1参照）．

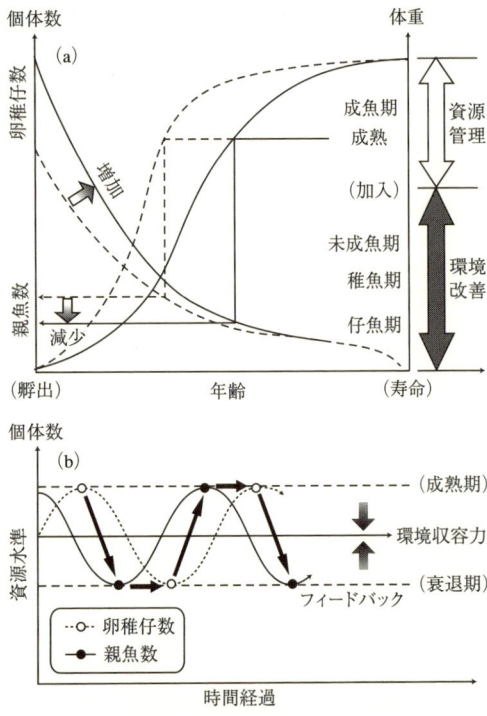

図1·8 (a) 親魚数と卵稚仔数の成長・生残関係，(b) 水産資源の自律更新性

　水産増殖は，資源管理，移植・放流，環境改善，環境創出などの手段を通じて水域の生物生産を増加させるもので，従来より改善策として大きく2つに分けて検討・実施されてきた．1つ目は，漁獲対象サイズから成魚に至る過程の主な減耗要因である乱獲に対して実施される資源管理に基づく方法で，TAC制度などもその1つである．もう1つの改善策は，産卵から仔稚期に発生する初期減耗を人為的に抑制することによって漁業生産の維持，向上を目指した移植・放流，環境改善による方法で，主として公共事業として実施されてきた．

　卵稚仔期の減耗要因は大きく2つに分類できる．第1の要因は，人為的な環境改変によって卵稚仔期に関わる沿岸域の生態系が劣化し，水産対象生物の環境収容力が低下することによるものである．この場合は機能不全に陥った生態系の諸環境を改善し，環境収容力を自然の自律的な再生産サイクルまで戻して

表 1・1 水産増殖手法の目的別分類

資源枯渇要因	増殖の方法	具体的事項
乱獲 　加入乱獲 　成長乱獲	**資源管理** 　漁具・漁法の制限 　漁期・漁場の制限 　漁獲物の制限	…　種目，桁幅，ビーム長，投棄漁具の回収 …　禁漁期，禁止区域，保護水面，漁業規制 …　体長，全長，殻長，殻高等の制限
不合理漁獲 　混獲・投棄 　ゴーストフィッシング	**移植・放流** 　天然資源の添加 　人工種苗の添加	…　移植制限，疾病対策，遺伝子汚染 …　種苗生産，中間育成，餌付け，音響馴致
人為的環境変化 　浅海域の人工化 　干拓・埋め立て 　汚濁負荷量増加 　森林伐採	**環境改善** 　飼育環境の改善 　流動環境の改善 　水質環境の改善 　底質環境の改善 　基質環境の改善	…　産卵・保育・育成場造成，藻場・干潟造成 …　消波工，循環流発生工，作れい，導流工 …　曝気，成層破壊工，潮流制御工，施肥 …　地盤高調整，客土，覆砂，耕耘，ヘドロ除去 …　着底基質工，岩盤掘削工，藻留施設
海洋の長期変動 　レジームシフト 　地球温暖化	**環境創出** 　環境収容力の増加 　未開漁場の開拓	…　藻場・干潟創出，湧昇流発生工 …　沖合漁場造成

やること（環境改善）が水産増殖の主な目標となる．第2の要因は，天然海域の自律的な再生産サイクルにおいても，発生直後の水温条件や餌環境など海洋環境の長期変動に依存した水産資源の構造的な衰退期が存在し，稚仔魚の生残に大きく影響を与えることで，親の数などとは無関係に発生する．

第2の要因に対しては，衰退期における資源の底上げを目標とした環境創出の方法を講じる必要がある．現時点では十分な予測が困難な，海洋環境の長期変動に依存した浅場資源の水産増殖においては，図1・8 (b) のような環境収容力の定常性に立脚した水産増殖の概念では不十分であり，図1・9に示すように，環境収容力の変動性に応じた水産増殖の方法を適用する必要がある．環境創出では自然状態以上に環境収容力を増加させることが要求され，浅場においては，稚仔期の餌料供給源や保育場としての機能を有する藻場や干潟を積極的に創出することなどが考えられる．水温や無機環境の長期変動など時空間スケールの大きな現象を，人為的に制御することは極めて困難な課題であるが，中長期的な海洋変

動の予兆を察知し，先行的に対策を講じる柔軟な体制を整備することは，今後の浅場漁場の将来像を探求する上において重要なポイントと考えられる．

§5. 水産公共事業に内在する定常性

わが国では，1952年に発足した浅海増殖開発事業（国庫補助）において，干潟の客土や耕転，作澪と投石，岩面掘削などの築磯による浅場漁場の造成が開始された．その後，築磯事業は1962年に開始された沿岸漁業構造改善対策事業に引き継がれ，1976年より開始された沿岸漁場整備開発事業において，藻場・干潟の造成・整備が積極的に実施されることとなる．沿岸漁場整備開発事業は2001年度より漁港漁村整備事業と統合されて水産基盤整備事業として現在に至っている．

水産基盤整備事業においては，図1·10のフローに示すように，事業実施前より完了に至るまでの事業の実施過程の透明性と客観性を確保し，効率的な事業の執行を図るために，事前評価，期中評価，完了後評価からなる事業評価制

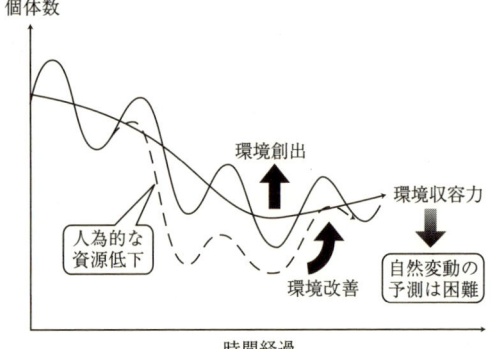

図1·9 資源の変動性と増殖の方法

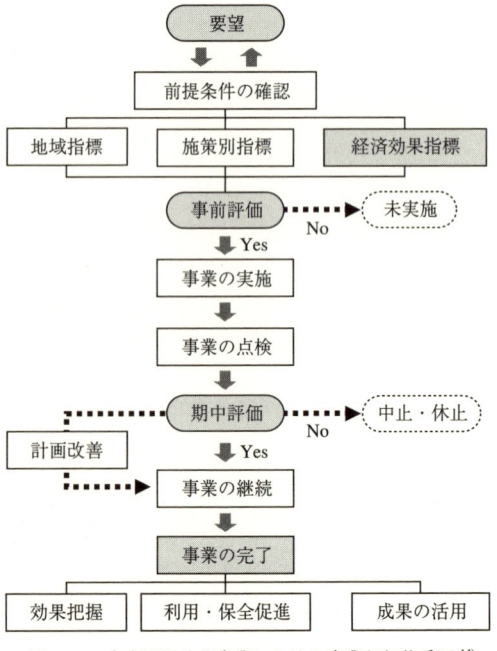

図1·10 水産関係公共事業における事業評価体系図[14]

度が導入されている[14]．事前評価においては，当該事業の地域における位置付けや，他の施策との整合性などの事業の必要性や有効性，事業を実施するために最低限必要となる理化学，生物学的環境情報などに配慮するとともに，経済効果指標を評価することが要求される．経済効果指標は，当該事業の経済的な合理性を明確化する観点から，費用対効果分析を用いて適切に評価することとなっており，貨幣化が可能な効果については費用便益分析を用いて評価される．費用便益分析は，実施しようとする水産基盤整備事業によって得られる効果を便益額として算出し，その事業に費やされる費用と比較して事業の経済的な合理性を判定するもので，事業実施の前提条件として最も重要視される指標である．具体的には漁場造成に要した総費用（C）に対する，造成された漁場を耐用年数まで使用した場合の総便益（B）の比（費用便益比率：B／C）が1.0より大きくなることが要求される．

　水産基盤整備事業の多くは，長期にわたって便益を発生させるため，B/Cは社会的割引率（各年度ごとの費用，および便益を現在価値に換算するための係数）の水準に大いに依存し，事業実施の可否に直接的に影響を及ぼす．社会的割引率は，民間資本の生産性を反映した市場利子率，公共投資の公債発行への依存性に基づく国債利子率，民間投資の資金調達指標である実質利子率などをもとに最適値が検討されるが，水産基盤整備事業においては他の多くの公共事業で採用される水準値として一律4％に設定されている．

表1・2　便益の計測項目（水産基盤整備事業費用対効果分析のガイドライン[15]を改変）

便益の種類	計測項目	直接的受益者
供給サービス	水産物生産コストの削減効果	漁業者
	漁獲機会の増大効果	漁業者
	漁獲可能資源の維持・培養効果	漁業者
	漁獲物付加価値化の効果	漁業者
文化的サービス	漁業就業者の労働環境改善効果	漁業者
	生活環境改善効果	地域住民
	漁業外産業への効果	事業者
	景観改善効果	地域住民，国民
	地域文化保全・継承効果	地域住民，訪問者
	施設利用者の利便性向上効果	地域住民，国民
基盤サービス	生命・財産保全・防御効果	地域住民
	避難・救助・災害対策効果	地域住民など
	自然環境保全・修復効果	地域住民，国民

漁場造成に伴う年間便益額の算定は，表1·2に示すように様々な計測項目に対して費用便益積上法，代替法，CVM，TCMなどの計測方法で便益額が算定されている[15]．

藻場や干潟の地先型増殖場の造成を例にすれば，まず第1に漁場環境の改善，漁場面積の拡大などによる漁獲可能資源の維持・培養効果が算定される．さらに，浅場に造成された藻場・干潟は，有機懸濁物の消費や無機栄養塩類を吸収するため水質浄化機能を有するとともに，環境保全で実施される浚渫は直接的に有機物を除去するため自然環境保全・修復効果が期待できる．

浅場漁場における便益は，漁獲対象となる水産資源の増加生産量をもとに，各種の計測項目を造成後から耐用年まで各年ごとに積算することによって算定される．このため，対象資源の齢構造を反映した個体群の動態推定に基づいた増加生産量の算定過程が事業の可否を大きく左右する．

しかしながら，事業対象海域の周辺における増加生産量は，天然資源の変動性や環境汚染の進行の経時的な変化を予測することが困難なため，実質的に直近5年程度における周辺の優良漁場などにおける増加生産量の平均値を算定根拠としている場合がほとんどである．すなわち，現状における浅場漁場の整備においては，変動性に依存した卓越発生特性や年級組成など浅場資源の本質的な構造が反映されておらず，漁場造成後，耐用期間まで直近の資源状態が定常的に維持されるものと仮定して便益を算定することによって，費用対効果面より造成条件を満足させている状況が見受けられる．同様に，増加生産量より便益額に換算するために必要となる対象資源の平均単価についても，過去5年の平均単価を用いることが一般に行われており，浅場資源の変動性の影響が反映されていない．

§6. 変動性に応じた浅場づくり

浅場は，人間の主たる活動域に隣接し，河川を通して様々な物質が流入する陸圏との境界域，気象や天象に依存して，波浪，流動，潮汐，水温，光，水質などの理化学因子が非定常的に作用する気圏との境界域として，水圏の中で最も変動性に富んだ海域である．

浅場における水産資源の多くは，図1·11に示すように，複数の離れた生息場所の個体群（局所個体群あるいはパッチと呼ぶ）が移出入を通じて関連しながら，

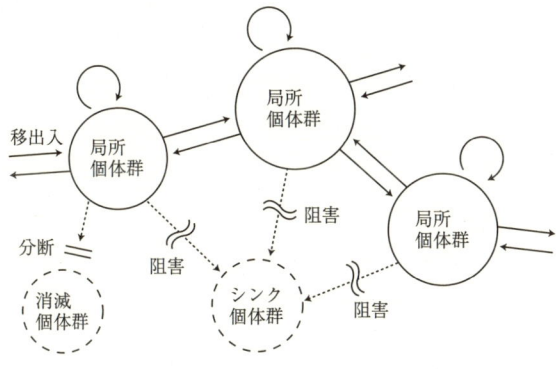

図 1・11　メタ個体群の分散システムの概念図

局所個体群の組織体（メタ個体群と呼ぶ）として群落を維持している．メタ個体群は局所個体群を分散配置し，変動する浅場の理化学環境に応じて，パッチの分布パターンを変化させながら総体としての個体群を維持している．すなわち，パッチのパターンを柔軟に変動させる分散システムによって，変動する浅場環境に順応しながら生息することを可能としているものと考えられる．卓越発生群に依存した浅場資源の消長も，海域環境の何らかの変動要因と調和した，ごく自然の営みなのかもしれない．

　メタ個体群は，同じパッチサイズの単一個体群と比較して変動性に対して頑強であるが，メタ個体群全体よりも大きな空間スケールで，かつ当該個体群の世代時間よりも長期にわたる時間スケールで，生息を脅かす環境条件が継続する場合には，分散システムにおいても非可逆的な資源衰退が発生する．海洋生態系のレジームシフトや地球温暖化などがこのような変動に該当する．一方，メタ個体群の時空間スケールを上回る系統的な圧力が加えられない場合においても，人為関与などによって局所個体群相互の移出入に系統的な変化が発生し，メタ個体群のネットワークが分断されたり，移出入量に長期にわたる非対称的な偏りが形成される場合にも，メタ個体群としての組織力は弱められ，非可逆的な資源衰退が発生する．

　浅場の生物群集を構成するメタ個体群の動態は，実海域に浮遊する多種大量の幼生を分類・識別することの困難性，広域的に浮遊幼生の動態を追跡すること

の困難性に加えて，幼生の分散や生残過程を支配する沿岸域の理化学構造の複雑性などから研究がやっと緒に就いた状況である．今後は，メタ個体群の動態をモデル化した上で浅場づくりに応用するための技術の進展が望まれる．

現段階でメタ個体群の安定性に寄与できる知識は限られているが，変動性にも動じない個体群サイズを維持しながら個体群内の遺伝的多様性を保つことが基本姿勢であり，そのためには，生息パッチの阻害要因を取り除き，発生初期段階の分散率を高めて，浅場資源のメタ個体群としての結びつきを強めることが最も重要であり，以下の4点に集約される．

・局所個体群相互の移出入を阻害する人為的要因の低減・排除
・周辺海域における局所個体群の分布状況に応じた浅場漁場の適正配置
・局所個体群の変動性に応じた浅場漁場の造成と管理
・浅場環境の少々の変動性にも動じない個体群（漁場）サイズの維持

本章の1・2で示したように，浅場の埋め立てに伴う局所個体群の消失や，海岸構造物の設置に伴うシンク個体群（他からの移入なくして存続できない個体群で，他のパッチへ個体を移出する能力も極端に低下した個体群，吸い込み個体群とも呼ばれる）の増加は，メタ個体群の非可逆的な衰退をもたらす．

例えば，砂浜性二枚貝においては，波浪の影響を受けづらい沖合砂浜域に着底後，成長とともに潜砂能力を高めながら岸沖漂砂を利用して産卵（分散率）に有利な浅海域に移入する種が認められる．このような生活史をもつ個体群が生息する海域に，離岸堤や人工リーフを設置すると，設置当初は施設背後に堆積する砂移動に伴って個体の供給が認められても，トンボロ地形（施設背後にできる三角状の砂洲）の安定化とともに，個体の移入も途絶え，波浪静穏域の拡大とともにシンク個体群へ変貌してしまうことも考えられる．離岸堤や人工リーフの設置においては，海岸侵食対策に加えてトンボロ地形が発達した以降も施設背後に一定量の沿岸漂砂を確保するなど，個体の移出入に配慮した構造物の配置計画が望まれる．また，砂浜域に建設された港湾や漁港の侵食対策として，サンドバイパス工法などが実施される海域においては，港の建設とともに当該資源の移出入も分断されていることが懸念される．このような場合には，沿岸漂砂の上手側より

下手側へ定期的に当該資源を移植したり，当該域の母貝を用いて人工的に栽培した種苗を放流することなどによって個体群の結びつきを確保する必要がある．

　開発が自然環境へ与える影響を緩和するためのミチゲーションの一方策として，新たな藻場や干潟の創出による，消失資源や環境の代償措置がとられるケースも認められる．代償海域の選定においては，個体群の移出入にかかわる行動学的特性や移動分散に関わる波浪・流動条件，底質の移動条件を可能な限り調査し，創出される生息場がシンク個体群に変化しないように配慮する必要がある．

　メタ個体群は，自然条件下においてもパッチサイズや密度が時空間的に変動するため，固定構造物を用いた生息場の造成は極力避けるべきで，浅場環境の変動性に順応しながら造成規模や造成密度を柔軟に調整できる方法が望まれる．筆者らは，粗放的に藻場を造成する方法として，直径1mm程度の顆粒状の高比重基質の表面に，海藻の種苗を着生させた上で海上より大量に散布する方法[16]や，アマモ種子を鉄粉でコーティングした上で海上より散布する方法[17]を提案している．さらに，二枚貝浮遊幼生の着底に有利な粒径の底質を，着底期にタイミングを絞って定期的に覆砂する方法なども個体群の変動性に応じて造成規模を調整できる方法として有効である．これらの粗放的技術は，従来の固定構造物による造成と比較して高度な技術を必要とせず，比較的容易かつ安価で安全に漁業者や市民が実施可能な方法であることから，実用化を目指した進展が期待される．

　前述のような粗放的な技術の適用が困難な，波浪や流動環境の厳しい海域に生息場を造成する場合や，対象とするメタ個体群の存続のために，核となる生息場を造成する場合には，単体礁，ブロック，投石，サンドチューブなどで固定構造物による造成が必要なケースも認められる．この場合の費用対効果の算定においては，当該生息場がメタ個体群全体に及ぼす効果についても加味するとともに，現状を放置した場合の短・中期的なリスクに対する効果として，当該資源の変動性を前提とした効果評価を実施すれば，定常性を前提とした現在の評価方法と比較して，より実態を反映し，かつ便益性を確保し易い評価体系を確立できる．さらに，表1・2で示した漁場の多面的効果の積極的な導入についても，今後，科学的な知見を集積しながら充実させてゆく必要がある．

　固定構造物を用いた生息場を造成する場合には，波浪，流動，底質移動など個体群の移出入に関わる物理的外力の低減に繋がる事態は極力避けるべきであ

る．磯根資源の増殖を目的として設置される囲い礁の多くは，投石部の周囲に根固めブロックや消波ブロックを配置し，所定の地盤高まで投石を一様に敷き詰めて造成される．波浪の厳しい海域では，施設の安定性を確保するために囲い礁の沖側に潜堤を配置したり，対象個体群の着生を促進するために，潜堤背後に循環流（半孤立水塊）を発生させる施設も考案されている．これら施設の多くは，ブロックや投石の安定が最優先に検討され，結果的に対象資源の分散率を低下させているものも少なくない．さらに，アワビやウニの棲み場となる間隙空間をむやみに多く配置した結果，植食動物の収容量が海藻の着生量と比較して極端に大きくなっている場合が認められ，これらの施設は磯根生態系における摂餌と生産の均衡を磯焼け側に崩す恐れを内在している．

　海藻の増殖を目的とした施設においては，例えば，縦スリット型のブロックを波の主方向と平行に設置することによって，波浪を積極的に透過させながら，基質表面付近に海藻の付着に有利な強い流速を形成することが可能な，縦スリット型藻礁などの施設も有効である[18]．また，1年生の大形海藻群落が優先する藻場を造成する場合には，海藻の遷移過程を人為的に調整可能な自動更新性基質なども検討の価値が認められる[19]．

　近年，漁港，港湾の防波堤や護岸，離岸堤に小段を付加したり，捨て石マウンドの嵩上げ，潜堤の配置，直立面の緩傾斜化などによって，個体の着生を促進する施設の整備が進められているが，これらの施設についても整備状況によってはシンク個体群の発現が危惧されるケースも少なくない．

　これからの浅場づくりにおいては，当面はメタ個体群を構成する局所個体群相互のつながりを強化するための方策を粘り強く実施しながら，長期的には，侵食対策などで設置された人工構造物の配置調整や，ダムに頼らない利水，防災体制の整備など，わが国におけるグランドデザイン全般の再構築に関わる深淵な問題に立ち向かわなければならない．

§7. 浅場の順応的管理に向けて

　浅場環境のように，物理的，化学的，生物学的要因が非定常的に交錯する不確実な現象を解決するためには，仮説と演繹による方法が有効である．変動的であるが故に，明確な最終目標を想定することが困難な浅場づくりにおいては，現

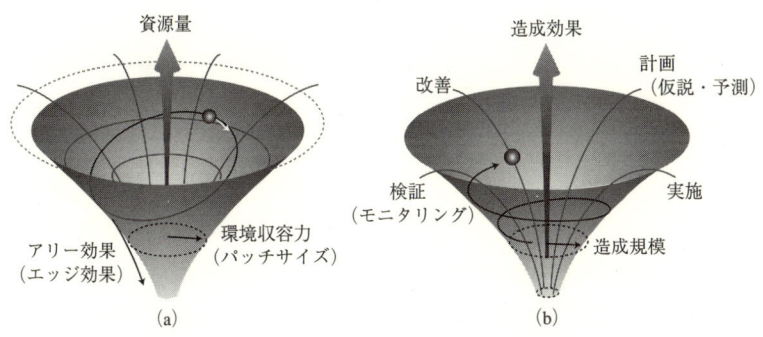

図1・12 (a)環境収容力と資源量の関係,(b)浅場における造成事業の規模と効果の関係

状,あるいはある程度予測可能な近未来における資源状況を評価の対象として,それより改善されることが当面の目標となる.目標を達成するための方法論(あくまでも仮説)を立案した上で検証し,仮説が支持されれば更なる予測を立ててそれを試すための検証を行い,仮説が否定されれば,もう一度仮説を修正した上で再検証する.このような仮設検証型のプロセスを繰り返すことによって,一歩一歩着実に最適化を図ってゆく取り組みが,不確実性を伴った浅場づくりを進める上で最も重要なスタンスである.これらの方法論は,目標を明確に設定した上で,与えられた技術体系に従って構造物や機能施設を建設してゆく目標達成型の土木工学的なプロセスとは大きく異なる思考過程といえる.

図1・12 (a)は,資源量を縦軸にとり,環境収容力および時間軸で構成される曲面(漏斗のような形状)上における球体(個体群)の運動をもとに水産資源の変動性を説明したものである.曲面に沿って時計回りで球体を回転させれば,球体の運動から資源の消長を想像することができる.球体がほぼ同心円状(水平)に円軌道で回転している場合は,資源量と環境収容力が均衡しながら安定的に推移している状況を示している.一方,球体が円軌道から反れて楕円軌道を描き始めると,環境収容力や資源量が経時的に変動し,一定の環境収容力を下回れば,球体は次第に勾配を増す漏斗の奥深くに落ち込んで,個体群も消滅の道を辿ることになる.この類似は勿論厳密ではないが,変動する資源の自律更新性,環境収容力(あるいはパッチサイズ)およびアリー効果(あるいはエッジ効果)の関係

を概念的に示している．同様なアナロジーで，浅場づくりの概念を描いたものが図1・12 (b) である．ここでは，造成効果を縦軸にとり，縦軸から局面までの水平距離を造成規模にとっている．浅場づくりでは，計画（増殖仮説の設定，仮説に基づく効果予測），実施，効果の検証（モニタリング，仮説に基づく効果予測の妥当性評価），改善の各ステップを順次実施しながら，造成効果に応じて事業の規模を調整・管理するプロセス（球体の運動）を継続することが肝要である．

浅場づくりにおける順応的管理の具体的な実施手順の考え方[20]を図1・13に示す．フロー図では，浅場づくりをプロジェクトと位置づけた上で，プロジェクト全体の不確実性の低減や，プロジェクトに参加する多様な主体の組織力の向上を図るために全体を3段階のフェーズに区分している．

フェーズ1では，浅場づくりに関わる，漁業者と市民，NPO，民間，自治体関係者などの多様な主体が相互の利害関係を調整し，共有可能な目標を設定する．漁業就業者人口の減少と高齢化，自然環境保全に関心をもった市民や団体の意識

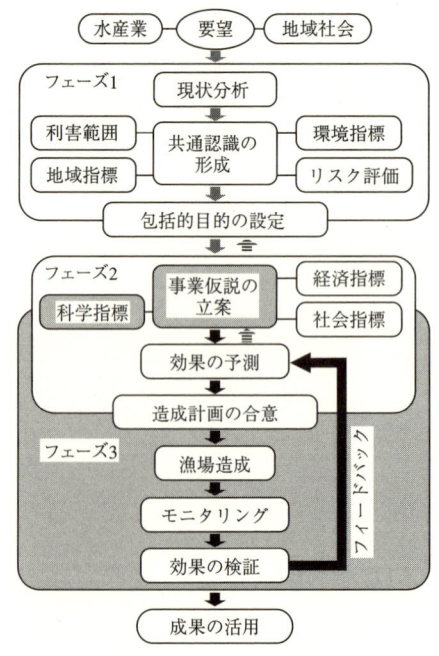

図1・13　浅場資源における順応的管理の考え方

の高揚などを背景として，今後は多様な主体がそれぞれの利害を調整しながら浅場環境の保全や管理を協働する漁業地区の増加が予想される．磯焼け対策の一環として，漁業者と市民が協力しながら雑海藻や植食動物を駆除することは合意が得られやすそうだが，漁獲対象種が地域的な稀少種に該当する場合には保護と漁獲で立場が対立することが懸念される．また，本書の第5章でも取り上げられるように，市民が種苗放流に参加する取り組みは既に各地で実施されているが，放流した水産資源を市民が漁獲する権利が与えられていない中で，放流による効果を漁業者のみが享受することに対する不公平感の調整など，漁場利用のルール(例えば放流後の収穫については，その一部を環境教育や資源管理ための費用として徴収するなど)についても合意形成しておくことが重要である．浅場づくりにおける対象種の選定，造成・管理海域，時期の選定，管理方法などで漁業者と多様な主体が価値観を共有することは，まず第1に達成すべき基本的なステップとなる．

　フェーズ2では，包括的な目標を達成するための，客観的で科学的な背景に基づいた具体的な管理仮説を構築し，多様な主体が合意することが求められる．変動性に満ち溢れ，将来予測が困難な浅場の環境管理においては，多様な主体の利害を反映した複数案から最良案を抽出することとなるが，抽出される仮説は多様な主体と具体的な造成に携わる科学技術者の両者が妥協可能で，いずれが評価してもほぼ同じ結論に達するように，評価手順が明確化されている必要がある．一方，最良案の選定作業においては，複数案を相対的に評価できれば十分であり，必ずしも絶対的な造成指標の評価を行う必要はない．本書の第3章で説明されるHSIモデルは複数案を比較しながら最良案を相対的に抽出できる手法であるとともに，ごく簡易的な理論に立脚しているため，多様な主体が内容を理解しながら合意形成を図るための有望なツールとして期待される．最良仮説が抽出された場合には，仮説に基づいて浅場造成が実施された場合の効果を予測し，予測が外れた場合の対応策についても合意を形成しておくことが重要である．

　造成仮説に基づいて浅場造成を実施して妥当性を検証するフェーズ3の段階で最も重要なことは，モニタリング体制の整備である．順応的管理では定期的なモニタリングが必要不可欠であるが，あらゆる項目を長期にわたって監視することは経費的に困難である．したがって，造成直後の漁場供用開始時期と，その後

の長期・継続的な管理時期で，計測内容や実施体制を差別化した上でモニタリングを継続することが合理的である．

　供用開始時期のモニタリングは自治体や漁協が主体となって，波浪，流動，水質，地形・底質など，計測機器を使用した比較的高価な調査を重点的に実施し，計画時の諸条件を物理的に満足しているか検証する必要がある．供用開始以降の管理時期においては，漁業者と環境保全に熱心な地域住民，NPO，民間団体などが主体となって，生物調査を中心に，水温，底質など比較的低コストで容易に実施可能な項目に絞って，効果調査を継続する体制づくりが望まれる．多様な主体との協働は，モニタリングに要する費用や作業負担の軽減などで漁業者に対するメリットが見出せる反面，漁業との時間的，空間的，資源的競合が発生することも懸念される．このため，漁業による操業実体を踏まえた調査地点，調査方法，調査時期・時間などの詳細において事前に十分な合意形成を図るとともに，調査結果の透明性を確保するためにも意見交換会やシンポジウムなどを共同で開催することなどが有効である．一方，市民の要望に配慮した方策としては，環境保全活動の一環としてモニタリングが実施できる体制を整備する必要がある．本書の第7章でも取り上げられるように，自然体験活動や環境学習の一環として海藻類を捕食するウニ類などの除去，有用海藻の着生基質の維持などを実施すれば，磯焼けに苦しむ漁業者の要望にも叶った環境保全運動が実現できる．

　浅場の変動性に応じた漁場づくりを実践するためには，特定の漁場の維持管理に力を傾注する従来型の造成施策から，浅場資源の動態を時空間的な分散システムと捉えた上で，システムとしての個々の結びつきを強めるための造成施策へパラダイムシフトする必要がある．費用対効果の算定においても，定常性を内在した最長30年間の便益積算に基づく判定手法から，浅場資源の変動性を加味することによって，対象種の世代時間程度の短期的な便益性より判定可能な算定手法へ転換する必要がある．漁場の造成方法についても，浅場環境の変動性に応じて，規模や手段を柔軟に変更することが可能な方法へ転換する必要がある．造成後の維持管理面においても，特殊な技術や機器を駆使した方法から，浅場にかかわる多様な主体が協働しながら実施可能な方法へ転換することが必要で，そのためには，漁業権に関わる法制度の見直しなども含めた未来の水産業を見据えた議論が必要となるであろう．

浅場資源の動態は，わが国の先進的な工業技術を支えるシステム工学と同じように，複数の要素が密接に関係し合って全体として機能を最大限に発揮する中で，特定の個体群も存続することが可能となるのであって，浅場環境の変動性は，浅場システムの活性化のために必要不可欠な要件として機能している．システム工学の基本的な手法であるモデリングとシミュレーションを繰り返しながら最適化を目指すシステム的思考は，浅場の順応的な管理の概念と共通している．科学技術創造立国を自ら任ずるわが国の，新たなシステム化技術の象徴として，浅場づくりのための科学技術が一層発展されることを切望する．

文献

1) 農林水産省．農林水産統計情報総合データベース，Web公開資料：http://www.tdb.maff.go.jp/toukei/a02stopframeset.
2) 早川 淳，山川 卓，青木一郎．アワビ類およびサザエ類資源の長期変動とその要因，水産海洋研究 2007；71(2)：96-105.
3) 日韓共同干潟調査団ハマグリプロジェクトチーム．沈黙の干潟－ハマグリを通して見るアジアの海と食の未来，高木基金女性報告書 2004；1：85-91.
4) 田中邦三：対馬暖流域のサザエ資源，日本海区水産試験研究連絡ニュース，340，1-3(1987).
5) 赤池章一：積丹半島西岸域の藻場と磯焼けの現状－航空写真と潜水調査による解析，原子力環境センター試験研究 2000；6：1-119.
6) 瀬戸雅文，川井唯史，巻口範人．海洋深層水の放水による岩礁性藻場造成に関する基礎的研究 2001；17：123-128.
7) 瀬戸雅文，佐藤達明，山下克己．北海道における対馬暖流の長期変動がコンブ生産量に及ぼす影響 2006；22：19-623.
8) 高橋 裕，河田恵昭．水循環と流域環境，「岩波講座地球環境学 7」岩波書店 1998：109-160.
9) 環境省．自然環境保全基礎調査，Web公開資料：http://www.biodic.go.jp/kiso/fnd_list.html.
10) 小笹博昭，村上和男，浅井 正，綿貫啓，山本秀一，中瀬浩太．多様度指数を用いた波高・構造物形式別の付着生物群集の評価，海岸工学論文集 1995；42：1216-1220.
11) 瀬戸雅文，北川裕人，巻口範人，小形 孝：二枚貝浮遊幼生の螺旋捕捉理論に基づいた稚貝出現予測手法の提案，海洋開発論文集 2009；25：443-448.
12) 水産庁．沿岸域の環境・生態系保全活動の進め方，平成18年度環境・生態系保全活動支援調査委託報告書 2007；1-36.
13) 水産庁．市民参加型藻場・干潟造成マニュアル 2007：1-145.
14) 佐藤昭人：漁港・漁場の評価と維持管理，水産工学技士養成講習テキスト（水産土木部門）2005：1-74.
15) 水産庁漁港漁場整備部．水産基盤整備事業費用対効果分析のガイドライン 2009：1-64.
16) 服部志穂，瀬戸雅文，青山 勲．顆粒状基質を用いた海藻種苗の粗放的移植技術の開発，海洋開発論文集 2007；23：84-89.
17) 瀬戸雅文，竹内登生子．アマモ種子の鉄コーティングによる着底・生長促進技術の開発，海洋開発論文集 2008；24：807-812.

18) 瀬戸雅文, 水野武司, 山田俊郎, 梨本勝昭. 縦スリット型藻礁の水理特性に関する研究, 海岸工学論文集 1997；44：971-975.
19) 瀬戸雅文, 中山威尉, 水口 洋, 田畑真一, 斉藤二郎. 浮遊砂による基質表面の自動更新に伴う藻場形成に関する研究, 海洋開発論文集 2002；18：419-424.
20) 瀬戸雅文. 増養殖概論, 水産工学技士養成講習テキスト（水産土木部門） 2008：1-35.

2章 順応的管理の理念と生態系管理の課題

松田裕之*・佐々木茂樹*

　順応的管理の歴史的背景や最近の動向について解説し，順応的管理を浅場造成などの複雑性に富んだ生態系の管理に適用する場合の問題点や改善策を示す．

§1. 順応的管理とは

　順応的管理とはアダプティブ・マネジメントの訳語で，鷲谷・松田[1]が最初に用いた．順応的管理は2つの要素によって構成される．一方はフィードバック制御，もう一方は順応的学習である．それぞれがループとなっているので，「順応的管理は二重ループ」と覚えるとよいだろう（図2·1）．

　順応的管理の1つの先駆例は国際捕鯨委員会における改定管理方式である．詳しくは触れないが，南氷洋ではクジラ類が乱獲状態にあった．この反省からクジラの管理が行われたが，1946年から1971年に行われた最初の管理は獲る側の論理で策定されたものであって，乱獲に歯止めをかけることはできなかった．

　その後の1975年から6年間だけ行われた新管理方式は現在の改定管理方式に近く，フィードバック制御は考慮されていたが，過去と現在の資源量や，最も

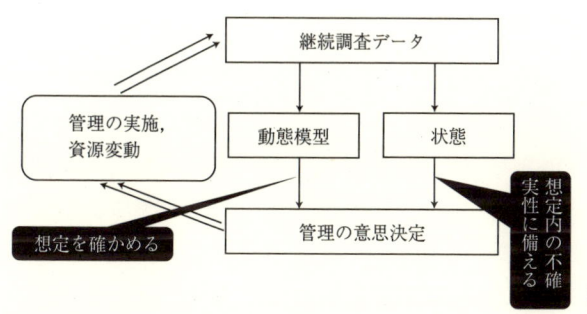

図2·1　順応的管理における二つのループ．想定を確かめる順応的学習と想定内の不確実性に備えるフィードバック制御の概念図[2]

---
* 横浜国立大学環境情報研究院

効率よく獲れる値がわかっているという仮定に基づいていた．つまり，不確実性の考慮が不十分であった．そのこともあって管理の有効性に懐疑的な国が多く，このころから国際捕鯨委員会では反捕鯨国が大半を占めるようになり，管理計画を新たにつくり上げるまで商業捕鯨は一時停止（モラトリアム）と結論づけられた．

その後，1994年に順応的学習を含めた改訂管理方式が採択されたが，まだ実施には至っておらず，商業捕鯨はモラトリアムが続いている．反捕鯨国と捕鯨国の科学者が侃々諤々議論して管理方式を決めたことに順応的管理の原型を見ることができる．改訂管理方式では，個体数の推定方法や，推定値の不確実性の評価法について徹底的に議論したという経緯がある．

フィードバック制御は車の運転に例えるとわかりやすい．例えば，目的地までにあと1時間で着こうというときに，目的地までの道のりから必要な時速を計算して，それに合わせて一定のアクセルを踏むという運転はまずできない．実際には，概ねどの程度の時速が必要かを意識しながら，残された道のりと交通状態，スピードメーター，車間距離などを見ながらアクセルを調整する．これは一種のフィードバック制御である．

途中段階をモニタリングし，その結果を次の行動の調整に用いれば，当初の目標から大きく外れることは少ない．車の運転も生態系管理も，さまざまな不確実要素を含んでいる．さらに，生態系管理は系の挙動が十分に理解されていないという問題もある．そのような場合に，綿密な計算から管理計画を策定して，その計画を変更することなく実施するのでは，管理目標を達成するのは難しいだろう．しかし，不確実要素があることを踏まえながら後から調節することは可能である．

もう一方の順応的学習は，管理を実施しながらモニタリングを行い，管理計画を策定した前提が正しいかどうかを見きわめ，管理計画の前提を修正し，管理計画に反映させる作業である．

かつては，ある管理計画を策定する際には，対象となる自然のことが正確に把握されている必要があると考えられていた．例えば，北海道でエゾシカ管理計画を策定した際に，よく行政の担当官からシカの個体数を聞かれた．シカの数がわからなければシカの管理はできないと考えているようで，それが今までの常識

である．しかし，実はシカの数がわからなくても管理は可能である．

　管理計画を策定する際に重要なのは，対象が正確に把握されていることではない．ある管理計画が策定された基になっている前提あるいは認識が，実は証明されていないことがあるということを認識することである．証明されてから管理を実施するのでは遅過ぎるおそれがある場合には，証明できる前に管理を実施する必要がある．とはいえ，証明されないままで管理を継続してよいという訳ではない．管理を実施しながらモニタリングを行い，前提が正しいかどうかを見きわめる作業が必要であり，それが順応的学習である．たしかに，ずっとわからないままでは，順応的管理にはならない．モニタリングの結果から，管理の前提の妥当性を検証し，新たに得られた前提から管理計画を見直す必要がある．

§2. 生物多様性保全に関する8つの戒め

　サイモン・レヴィンは生物多様性保全に関して下記の①から⑧の8つの戒めを提示し，私は，これに下記の⑨と⑩の2つ加えた．

　①不確実性をなるべく減らそう．②不測の事態に備えよう（Expect Surprise）．③不均一性が自然界にあるのは当然なのであり，それは維持しよう．④生態系というのはモジュール構造になっている．それを全部均一化あるいは結合したような構造にはしない．モジュール構造にすれば全滅を避けやすくなる．⑤無駄と思うものをすぐに捨てるな（Keep Redundancy）．有用性が認識できないことと，無駄であることを混同しないことで，「もったいない」と言えばいいかもしれない．⑥順応的管理であるフィードバックを強化しろ．⑦信頼関係を築け．⑧あなたが望むことを人にも施せ．⑨自然というのは恐ろしいものである．畏敬の念をもて．⑩野生生物にえさを与えるな．これはイエローストーンの国立公園などによく書いてある．

§3. 生物学的許容漁獲量の決定規則

　クジラ類の管理以外の漁業について，生物学的許容漁獲量の決定規則について述べる．国連海洋法条約には，人類共通の財産である海洋資源の持続的利用について規定されており，沿岸国は優先的に利用する権利を有する代わりに管

理義務を負うことが定められている．ここでいう管理義務とは，排他的経済水域（いわゆる 200 海里水域）において，サバ類（マサバ・ゴマサバ），マイワシ，サンマ，マアジ，スケトウダラ，ズワイガニ，スルメイカの 7 魚種の漁獲可能量（Total Allowable Catch, TAC）を毎年決めることと規定されている．

TAC 設定には当初から問題点があった．その 1 つは，クジラ類についての国際捕鯨委員会の設定方法と異なり，ある閾値を下回るほど推定資源量が減少した際の禁漁措置が設けられていなかった点である．つまり，どれだけ資源量が減少しても，ある程度漁業が可能となるように設定されている．閾値を定めるということは，禁漁措置が必要な程度まで資源が減ることを本当に心配していたということになる．そこまでは減らさないという決意を示すのだったら，禁漁措置の閾値を設定すべきである．

TAC の設定については，まず科学者の側からある水産資源が変動した際にも資源回復が見込め，乱獲を防げる閾値として，生物学的許容漁獲量（Allowable Biological Catch, ABC）という量を答申し，その後，社会の合意として TAC が決められる．科学者の見解と社会的合意が一致しないことは多く，マイワシについての例では科学者の側からその ABC を日本海側でゼロにする案が出た際に，水産業界から猛烈な反発を招いた．マイワシの資源量はもともと自然変動するので，減少すること自体は問題ではない．しかし，減少した後に獲り続けて，資源回復のためには禁漁措置が必要となるまで乱獲したことが問題である．

§4. リスク管理の前提とは

リスク管理にはトレードオフ（複数の要求の兼ね合い）がつきものである．水産資源管理では，資源を回復させようとすると，現在の漁獲を減らすというトレードオフが生じる．また，管理計画はある前提に基づいて策定されるが，その前提が異なれば，異なる管理シナリオが策定され，ある立場に有利な管理計画が策定されることになる．例えば，水産資源なら現在の資源量推定値が異なれば，どの程度の漁獲が許容可能かについて異なる結果が生じる．

妥当性の高い管理計画を策定するためには，可能な限り恣意的でない前提が必要となり，また，ある程度広い前提を想定しておく必要がある．広い前提を想定するというのは，複数の管理シナリオを考えることに通ずる．狭い前提か

らは，実現可能性が低い管理シナリオしか生じない．ある目標を立てて管理を実施した結果，実現可能性の吟味が甘かったというような結果を招きかねない．

　無論，実現可能性の吟味については可能な限り適切に行う必要があるが，それでも管理シナリオどおりの結果となるという確約はできない．そこで，「リスク管理」という考え方が重要になる．つまり，予想通りとなることを期待しながらも，予想に反した結果が生じることも想定しながら管理を行うことである．その予想に反した事態が生じるリスクを減らすための方策として，順応的管理を用いることができる．つまり，管理を実施し，モニタリングを行った結果，当初の予想と異なる望ましくない結果が生じそうだと思った時点で，方策を柔軟に変えることにより，事態の悪化を回避することが可能となる．そのような手順を経て，数値目標をいかに達成するかを考える．一度決めた管理計画について，実施途中でどれだけ前提が外れていても，望ましくない結果が生じたとしても，一旦決定した管理方策を変更できないとすると，リスクは増大する．

　また，予想に反した事態を想定しておくことは，科学者と社会の間で信頼を構築する上でも必要である．ある水産の会合で，科学者が「去年と今年で（推定結果が）変わりました」と平然と言ったことがある．漁業者は生活をかけて真剣に議論しているなか，日頃「漁業者には管理が必要だ」と言っている科学者の側が安易に計算方法を変えて結果を翻すようでは，科学者と漁業者の間で信頼関係を築くことは難しいだろう．このような事態は，もともとの不確実性の考慮が甘かったため生じたといえる．常に1年先，3年先に自分が何を言う可能性があるかを想定するのが，科学者の社会的責任である．

　そのためにも，未来は一通りに予測できないということを念頭におく必要がある．かつての水産学者の予測は，しばしば未来を一通りに滑らかに描いていた．漁業者はそのような予測を信じていなかっただろう．実際の資源変動はつねに滑らかではなく，短い時間で大きく変動，つまりギザギザしている．

　では，どうして滑らかな予測がなされていたかというと，不確実性が考慮されていなかったためである．私はそのような滑らかな資源量予測ではなく，資源回復確率を示すことにしている（図2・2）．例えば，「2010年までに100万トンに回復する確率は4割である」という表現になる．無論，このような予測結果が生じるのは昔の漁業を行った場合で，今のように未成熟魚を獲り続ける漁

業を行っている限り資源量は永久に回復しない．現在の水産資源評価では，ほとんどの魚種についてこのような資源回復確率を示すリスク管理が定着しつつある[3]．

マイワシなど浮魚の漁獲量は変動しており，大半は自然変動である．自然変動か乱獲かの判別は省略するが，図2・3でマイワシが1980年代に450万トン獲れてから減少したのは自然変動だが，10万トンを切ったあと獲り続け，資源量も減り続けているのは明らかに乱獲である．こうしたメリハリの効いたことを

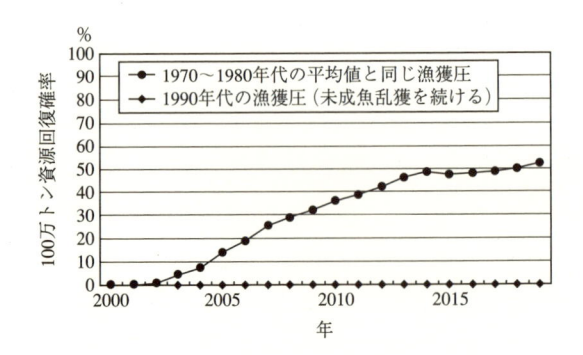

図2・2　1970, 80年代のように未成魚をある程度保護した場合と，90年代以後のように未成魚を過剰漁獲した場合の，マサバ太平洋系群の資源量が100万トンに回復する確率[3]

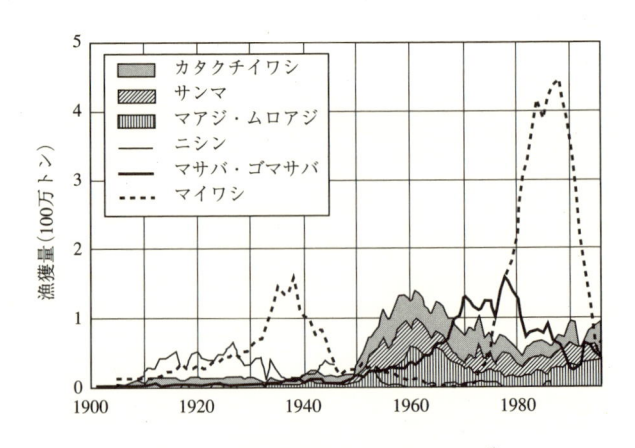

図2・3　主要な浮魚類の全国漁獲量の変遷[3]

言う必要がある．

§5. 知床世界遺産の登録経過

知床は世界自然遺産に登録されたが，知床の沿岸域では漁業が操業されており，広く定置網が設置されている．自然遺産登録の評価を行った国際自然保護連合（IUCN）からは，海域の保護レベルを強めるように通達されている．私はその科学委員の1人だが，知床が世界自然遺産に登録されるまでの過程はかなり迷走した．まず，世界遺産申請に際して，漁業者に対して「新たな規制は設けない」ことが明文化されていた．そして，IUCNが視察後にダムの撤去や海域保護の強化について秘密書簡を送ってきた．その書簡の内容は科学委員会に直接伝えられることはなく，その内容が報道されて初めて科学委員会もそれを知ることになった．

科学委員会としては，IUCNの書簡に対して科学的な見地から対応することが必要と判断し，科学委員会の座長が自主的に科学委員とメールで議論を始め，文章をとりまとめた．科学委員としては，IUCNの言うことの一部はもっともであったため，その対応策を示したのだが，政府はIUCNが求めるような規制は必要がないと回答した．これは，審査機関の修正要求に対して，審査を受ける側が「修正の必要なし」と返答をしたことになるので，通常ならその審査は却下されるだろう．しかし，IUCNは再度書簡を送ってきた．その内容は，知床の管理という内政問題に対して，干渉ともとれるものであったが，却下にしなかっただけよかったといえる．今度は，科学委員会に諮問され，対応することができた．

ただ，その際にわれわれ科学委員にとって大きな問題となったのは，政府が地元の漁協に対して新たな規制はしないと公約していたことである．ところが，IUCNからは保護レベルの強化を図れという要望が出されている．世界遺産に登録するためには，この2つの矛盾を解決しなくてはならない．解決には，政府が規制するのではなくて漁協が自主的に保護レベルを強化するしかなかった．

こうした，漁協による自主的な規制は，日本の漁協ではこれまでにも行われてきている．そして，政府が上意下達型で管理するのではなく，自主管理を行うというのは，漁業のみならず日本の科学業界などでも広く行われてきた．

日本では広く行われてきた自主管理が今は外国で評価されており，管理に対

して「Co-management（共同管理）」と表現されている．これを英語で説明することが，知床世界遺産の使命になった．

　当然，漁業者側としては一旦約束したら後戻りできないのではないかという不信をもったであろう．政府からは新たな規制はしないと言っていたのに，科学委員会が漁業者と対話するために釧路まで乗り込んだのである．そのときの報道によると，ある専門家は「永遠に漁業規制がないなどということはあり得ない」と語りかけたという．こうして本音を言われると漁業者のほうも納得ができ，世界遺産登録への問題を乗り切るための手段を考えようという同意が得られたのであろう．無論，漁業者としては知床を世界遺産にしないという選択肢もあったが，彼らもそこまではしなかった．

§6. リスク管理の基本手続き

　横浜国立大学では，リスク管理は科学者の見解と社会的合意で実行されるという考えに基づき，図2・4の基本手順を提示している．図には科学者の役割と，社会が合意形成において何を行うべきかというキャッチボールが示されている．問題が生じた際には，科学委員会と協議会を組織し，科学委員会は何が問題か

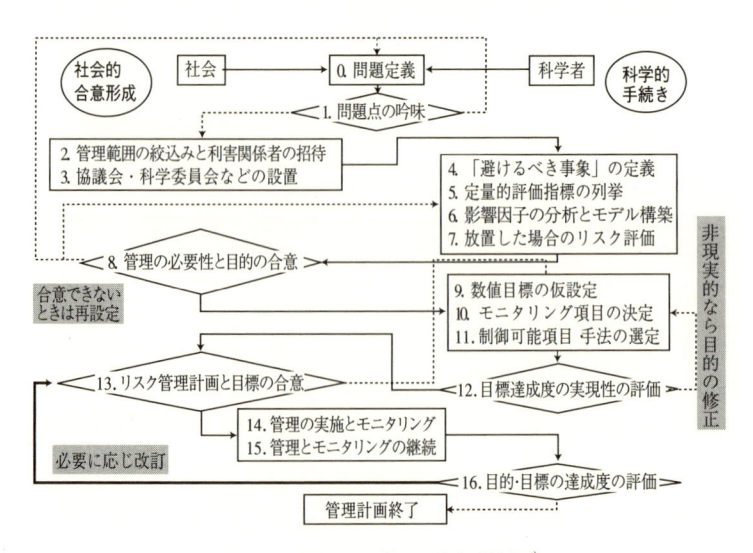

図2・4　環境リスク管理の基本手続き[4]

を科学的に考え，例えば問題を放置すると何が起こるかを検討する．そして，放置しておくと望ましくない事態が起こるということであれば，それを答申する．協議会はその答申に基づいて問題に対処するかどうかを決めることになる．

その際，まず抽象的な理念を合意する．例えばエゾシカでは，シカ肉を利用することを目的に掲げている．エゾシカを肉として利用するのがいいか悪いかは価値観の問題であって，生態学者が決めることではない．そのような価値観の問題は，社会の合意を経てからその目的に合致する目標を具体的に定めていく．例えば，漁業とミナミマグロの共存という目的が合意されたとすると，その目的に基づいて，持続可能にミナミマグロを獲り続けるためには，一定の期間で1980年の資源量に戻すためには，どの程度漁獲量を制限する必要があるかを分析することが科学委員会の役割である．次に，社会的合意が得られた目的を達成するための実施計画案を社会に投げて，その実施計画案を合意するか，差し戻すかを社会が決めることになる．ある管理目的を社会が合意するかどうかという手順を省くと，担当した科学者の個人的価値観で管理計画を策定してしまうかもしれない．それでは社会の合意を得ることはむずかしいだろう．

§7. 順応的管理の7つの鉄則

私は，順応的管理を実施する際に，7つの鉄則を提示している．①用いた仮説を明記する．例えば，エゾシカの管理が始められた当初，東北海道だけで12万頭位と推定されていたが，管理の途中でその推定が過小評価であったことが判明し，2000年に20万頭説に改めた．当初の個体数推定が間違いであったとした根拠は，エゾシカの個体数密度の指標となるモニタリングを続けていたところ，年に数万頭ずつ捕っているのにエゾシカが少しずつしか減っていないという結果が得られたためである．当初推定された12万頭が正しいとすると，私の計算ではある年に牡鹿が絶滅しているはずであった．これで，前提となった12万頭が間違いであったという結論が導かれた．なお，私が東北海道のエゾシカ20万頭説を原著論文にしたのは2002年なので，北海道は論文になる前に自説を改めたことになる[5]．

②管理の前提が変わった場合に，どのように管理を変えるかを決めておく．例えば，国際捕鯨委員会では捕獲枠アルゴリズムを作っている．アルゴリズム

というのは，まさに「変え方」を意味する．アルゴリズムを決めないで，後から適当の方策を変えるのでは，無責任な試行錯誤となってしまう．③評価基準を定める．④不確実性を考慮する．これは，「一通りの未来を描かない」と言い換えることができる．不確実性には様々なものがある．ヒグマの管理計画の例だが，ヒグマが大量出没する年があり，それは多くの場合にブナやミズナラの堅果が不作の年であることがわかっている．堅果の豊凶を予測するのは難しい．

不確実性には3つある．1つは，測定するときの誤差．もう1つは環境変動である．自然環境は非定常で，ある生物の大量死や大発生ということは偶発的にも生じる．最後に，管理計画自身の実施がうまくいかないという不確実性がある．これらの誤差は，管理計画策定のための数理モデルには必ずしも全て織り込む必要はないが，責任をもって管理している担当者はすべて考慮すべきである．エゾシカの例に戻ると，一度決めた，例えば毎年10万頭ずつ捕るなどの一定の方策をとり続けるより，臨機応変に変えていくほうが失敗するリスクは減るだろう．

⑤想定内を増やす．「想定内」という言葉をはやらせたのは堀江貴文氏であるが，この「想定内」という言葉からは，彼がリスク管理を考慮して経営していたことが示されている．2005年のフジテレビとの応酬などで，「想定の範囲内です」と彼が答えたときには，必ずしもフジテレビの対応を一通りに予想してはいなかっただろう．しかし，相手が取りうる複数の対応を考え，それらに対しての備えを怠らなかったことが伺える．予想するだけではなく，それぞれの事態に対してどう対応するかをあらかじめ考えておくことが重要である．

リスク管理は車の運転に例えると解りやすい．車の運転で，絶対に事故を起こさないということは不可能だろう．突然人が飛び出してくるかもしれないし，対向車がセンターラインをオーバーしてくるかもしれない．起こるかもしれないこと全てに対応していたら運転できないが，ある程度想定することでリスクを減らすことはできる．このような，「……かもしれない」と悲観的な事態を想定する運転を「かもしれない運転」，反対に「……だろう」と楽観的な未来を想定する運転を「だろう運転」とする．「相手が間違うことはないだろう」，「相手が間違えない限りうまくいく」というのでは不十分である．相手が多少間違ったとしても，ある程度，事故を回避する運転は可能だろう．行政の管理でも，「か

もしれない運転」をすることが望まれる．車の運転では「かもしれない運転」なのに，行政の管理となると途端に「だろう運転」をするべきではない．自然再生事業も同様である．

⑥信頼関係を築く．管理目的や管理計画において，合意形成を図る際には信頼関係が重要となる．利害はしばしば対立するが，それでも，共通の目標があるならば信頼関係を築いていく必要がある．仮に利害は違っていても，裏切ることはないという関係が重要となるだろう．

⑦現在の判断が間違いかも知れないと自覚する．ベゴン・ハーパー・タウンゼント（M. Begon, J. L. Harper, C. R. Townsend）が著した生態学の教科書（邦訳『生態学―個体・個体群・群集の科学』）の序文に，「単純さを求めよ，しかし，それを信じるな」というくだりがある．いたずらに複雑なモデルや複雑な流れ図を作って，自分でも何をやっているのかわからなくなるようでは問題である．わかりやすく，明確なメッセージとするためにも，単純さを求めるのが望ましい．複雑にしても，必ずしも再現性や信頼性が向上するとは限らないので，可能な限り単純な方がよいだろう．そして，得られた結論をある程度疑うバランス感覚が必要である．

§8. 生態系管理に配慮した浅場造成に向けて

生態学会の生態系管理専門委員会は，2005年に自然再生事業指針として26の原則をとりまとめた[6]．その後，同委員会はこの指針に基づいて同委員会で各地の自然再生事業や生態系に関する事業のレビューを行っている．レビューに関して，「研究者にレビューをやらせると批判ばかりが出る」と捉えられては，事業者や管理者と信頼関係を築くのは難しく，かえってよい事業を推進するための妨げとなりかねない．そのため，委員会内で「少なくとも，良い点は褒めよう」ということを申し合わせている．

事業指針は大きく自然再生事業の対象，基本認識の明確化，自然再生事業を進めるうえでの原則，順応的管理の指針，合意形成と連携の指針の5つに分かれる．管理計画を策定する際に，基本認識を明確にするということは，今どうなっているか，放置したらどうなるのか，どういう未来を描こうとしているのかを明確にしておくことである．

基本認識が明確となった上で，管理の方針や目的を明確にする．方針や目的とは，自然再生のために導入する動植物は原則として地域由来とし，他地域からの導入を避ける，あるいは，自然再生の対象となる地域の生物は絶滅危惧種だけではなく普通種も含めて保全する，あるいは，遺伝的多様性も含めて維持する，あるいは，可能な限り自然の回復力を活用し，箱庭的な整備を避ける，などである．中池見（福井県敦賀市の内陸低湿地）での液化天然ガス基地建設計画では，ビオトープを創出した場所では植物の移植をしなかったという例がある．既存の生育地を確保して，事業の代償措置として生育環境を整備し，移植は行わないで自然に再導入されるのを待つという方針を採ったのである．事業計画自身には反対意見もあったが，自然の回復力を生かすという方針での環境配慮がなされていたといえる．他分野の研究者が協働し，地域の伝統的な技術や行事などを積極的に生かしながら自然再生事業と結びつけていくというのも，自然再生を持続的にするために有効な手段として期待できるだろう．

　現在の自然再生事業をみると，管理目標がどの程度実現するか，あるいは失敗するかという実現可能性については，検討もしていない事業が多く，順応的管理の根幹に係わる部分は達成が遅いという印象がある．漁業管理に代表される資源管理は管理目標の設定がわかりやすく，目標達成の評価も簡単といえる．対して，自然再生事業は生態系全体のことを考える必要があるため，目標設定や達成状況の評価が難しい面はあるだろう．それでも，具体的な目標を立て，数年後に評価が行える体制をつくることが必要となるだろう．また，不確実性の検討についても不十分である．

　最後に，繰り返しとなるが科学者自身が適切な役割を果たすことが重要である．管理目標を策定する際に，価値観に類する部分は可能な限り社会的合意に委ねなければならない．科学者が自分の価値観を主張するために参画していると捉えられては，合意形成の妨げとなりかねないだろう．科学的認識が必要となるので科学者が参画することは欠かせないが，科学者は価値観に関する部分に触れないよう自らを戒める必要がある．

文　献

1) 鷲谷いづみ，松田裕之．生態系管理および環境影響評価に関する保全生態学からの提言（案），応用生態工学　1998；1：51-62.
2) Katsukawa T. Adaptive Management Theory based on the Concepts of Population Reproductive Potential and Target Switching. PhD Dissertation, Univ. of Tokyo.2002：99.
3) 松田裕之．環境生態学序説－持続可能な漁業，「生物多様性の保全，生態系管理，環境影響評価の科学」共立出版，2000：211.
4) 松田裕之，浦野紘平，Axel Rossberg，小池文人，雨宮　隆，牧野光琢，森野真理，久保　隆・下出信次，中井里史，加藤峰夫，茂岡忠義．生態リスクマネジメントの基本手順と事例比較．生物科学　2006；58：41-47.
5) 松田裕之．「生態リスク学入門－予防的順応的管理」共立出版,2008：213.
6) 日本生態学会生態系管理専門委員会．自然再生事業指針, 保全生態学研究　2005；10：63-75.

3章　生態系の連続性を考慮した浅場の再生

林　文慶[*1]・田中昌宏[*1]
高山百合子[*2]・片倉徳男[*2]

　多様な生物の生息場である浅場の生態系を修復，再生するためには，構成要素である藻場や干潟に加えて，ヨシ原などの周辺湿地帯の岸沖方向の連続性[1]，および風呂田が提唱した干潟ネットワーク[2]を基本とした湾スケールの連続性の概念が重要である．前者は，そこに生息する生物の生活史や行動を考えると，複数の場が必要となる．例えば，アシハラガニはヨシ原に巣穴を掘り，干潮時にヨシ原および干潟の底質有機物を摂取する．産卵期になると満潮時に干潟に放卵し，孵化した幼生は沿岸域（藻場を含む）で過ごし，稚ガニに変態して干潟やヨシ原に着底する．したがって，多様な生物がそれぞれの日常活動および再生産活動に対応するためには，ヨシ原－干潟－藻場を一体に再生することが必要となる（図3・1）．後者は，アサリに代表されるように（図3・2），沿岸域に

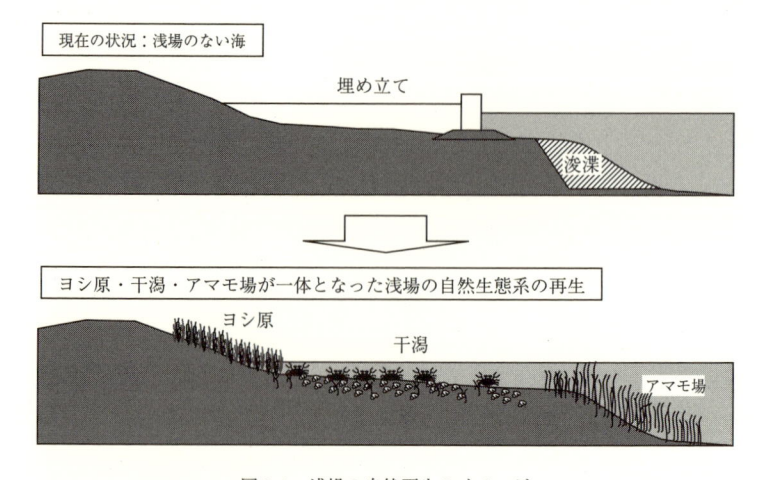

図3・1　浅場の自然再生のイメージ

[*1]　鹿島建設株式会社技術研究所
[*2]　大成建設株式会社技術センター

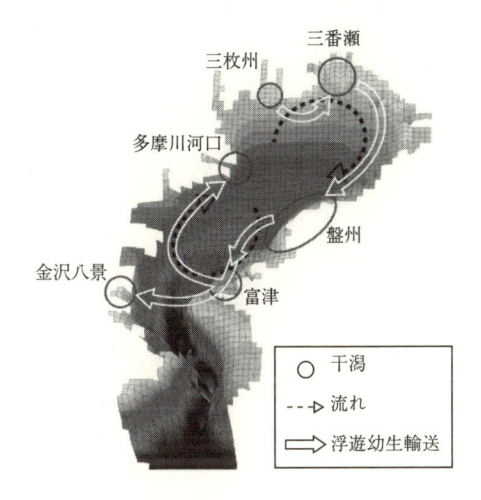

図3·2 アサリ生態に基づく干潟ネットワークの概念図（東京湾）

生息する水生生物（ベントス）の多くは浮遊幼生期を有しており，産卵場所と着底・育成場所が必ずしも一致していない．これは生物の再生産という生態系の維持において欠くことのできない過程を考える上で，その場の環境だけではなく，遠く離れた干潟間の関係，すなわち'干潟ネットワーク'が重要であることを意味している．筆者らは，この2つの連続性を意識し，浅場環境の修復，再生技術の開発研究を単独および共同で進めている．本章では，両社が共同で実施した生物生息場の環境評価手法および造成技術の開発について紹介する．

§1. 生物生息場の環境評価手法

上述した連続性を当初から意識し，まずそれぞれの場の構成要素の特徴を定量化するため，ヨシ原，干潟と藻場における代表的な生物の棲家の環境評価手法の開発に取り組んだ．本環境評価手法の開発には，米国の代表的なミチゲーション手法の1つであるHEP（Habitat Evaluation Procedure）で用いられているHSI（Habitat Suitability Index; 生息地適合指数）モデルを適用した[3]．モデル作成に当たって，まず対象生物ごとに生息に影響を及ぼす環境因子を洗い出し，次に各因子を点数化し（適正指標SI（Suitability Index）モデル作成），それらを総合化して1つの数値（1点満点）として求める（図3·3）．

図 3・3　HSI モデル作成の手順

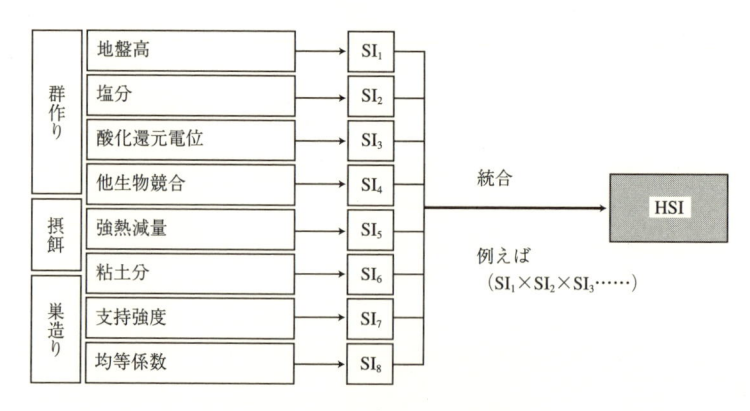

図 3・4　チゴガニの HSI モデルの構成

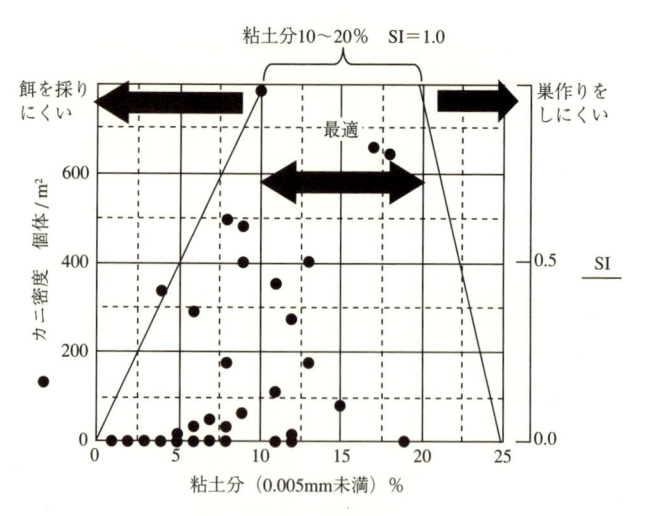

図 3・5　チゴガニにおける粘土分の SI モデル

　干潟の代表生物としたチゴガニを例に HSI モデルについて説明する[4]．図 3・4 は，チゴガニの活動（摂餌や巣造など）に係わる環境因子を抽出したものである．

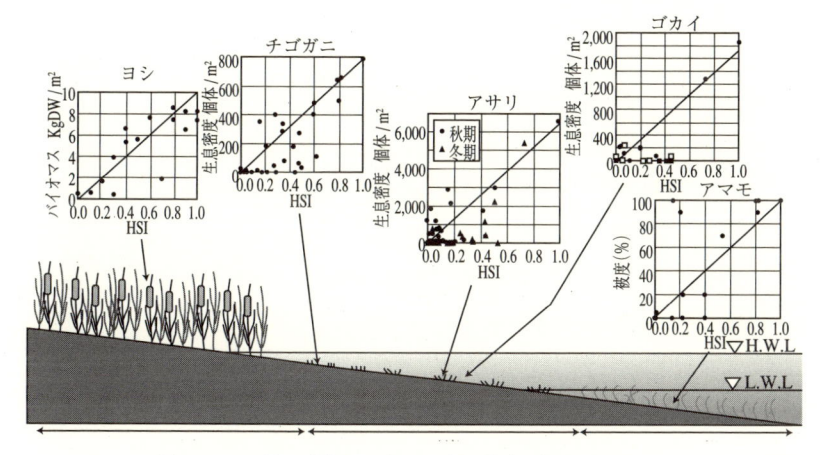

図3·6 ヨシ原，干潟およびアマモ場の代表生物のHSIモデル

各因子のSIモデルは，粘土分を例に取れば，図3·5に示すように，SIは生息場として不適な条件では0をとり，最適な条件では1を取る．チゴガニは微細粒子の選択能力が低く，底質中の微粒子含量（粘土分）が少ない底質では摂餌が容易ではないと報告された[5]．また，底質の粘土分が多すぎると底質粒度の均等係数が小さくなり（崩れ易い），巣を造りにくい環境であると考えられ，粘土分を10～20％でSIを1.0と設定する．すなわち，このSI曲線は既往の研究と現地調査データを基に検討し，作成する．他の環境因子についても同様にSIモデルを作成し，環境因子相互の関係などを勘案して，SI値の掛算などの簡単な演算によってHSIを求める．図3·6はチゴガニのHSIの評価結果と実測のカニ生息密度の関係を示したものである．HSIとカニの生息密度がよく対応しており，HSIモデルがチゴガニの生息環境をよく表現している．以上の考え方に基づき，筆者らはそれぞれの場の代表生物としてヨシ原ではヨシ，干潟ではアサリ，ゴカイとチゴガニ，藻場ではアマモのHSIモデルを作成した[4,6,7,8]．

§2. 環境評価に基づいた設計と施工技術

上述したHSIモデルは，単なる環境評価に止まらず，再生事業の設計・造成技術にも有用な情報を与える．例えば，図3·7に示すように，干潟の設計諸元は，材料，勾配，地盤高などであるが，これまでは構造力学的あるいは経験的に決

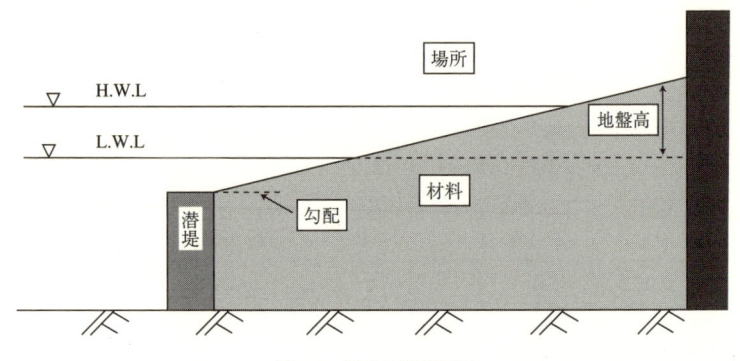

図 3・7 干潟の設計諸言

められていた．SI モデルを用いれば，例えば材料の粒径を図 3・5 から決めることができる．つまり，HSI モデルを用いれば，生物の立場に立った諸元をより合理的に決めることができる．さらに，塩分条件や波浪条件が SI モデルから判断すると目的地の自然条件が適さない場合には，SI 値を高くなるように流れや波を制御する構造物などを設置する対策や工夫を施すことにより，目的の生物にとって好ましい生息環境の創造が可能になる．

筆者らは共同で上記した HSI モデルに基づいて，沿岸環境の造成技術を進めている[9-12]．

§3. 浅場造成のための現地実験

上述のモデルで得た環境因子に係わる知見は，国総研を中心に産官学が共同実施している「都市臨海部に干潟を取り戻すプロジェクト」において，造成技術を開発すための現地実験に反映させた．

3・1 プロジェクトの概要

本プロジェクトで使用する干潟は，大阪府港湾局が岸和田市沖に実施中の阪南 2 区整備事業の一環として造成したもので，自然との共生を実現する港湾整備を目的としている．この造成干潟をフィールドとして，市民が親しめる干潟を都市臨海部に再生し得ることを実証するために，干潟，海草・海藻場，ヨシ原がもつ海水浄化機能や生物生息・生産機能などを再生・強化する自然再生技術の確立を目指したプロジェクトが進められている．実施体制は，国総研が中

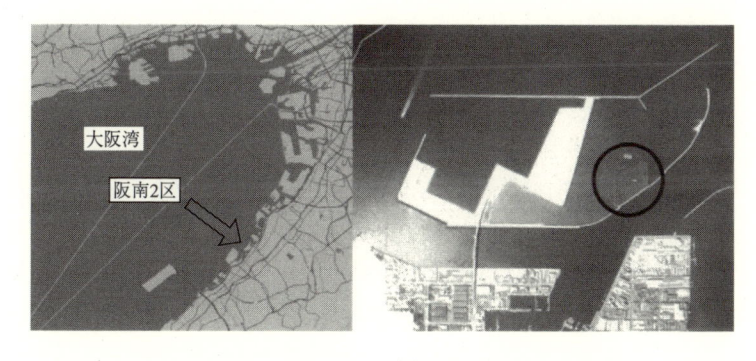

図 3·8 阪南 2 区造成干潟の位置（右図：岸和田市 HP より）

心となり，国土交通省近畿地方整備局，（独法）港湾空港技術研究所，大阪市立大学，大阪府（港湾局，環境農林水産部），大阪府立水産試験場，堺 LNG 株式会社，民間共同研究グループ（鹿島建設，大成建設，五洋建設や東洋建設など）が参画する産官学の共同研究プロジェクトである[13]．筆者らはヨシ原造成実験，および干潟の地形安定化実験を実施した[14,15]．

3·2 貯水工法によるヨシ原造成実験

都市部の沿岸再生が期待される海域は，様々な制約が多く，厳しい自然条件に対応した自然環境再生技術の確立が要求される．この技術の 1 つとして，潮風を直接受け，淡水供給が雨水のみの砂質底質人工干潟後浜部においてヨシ原造成が可能な工法を開発するために，ヨシの移植実験を実施した．本実験は雨

表 3·1 ヨシ移植の実験区

実験区	備考
遮水シート区	雨水を確実に貯留するため，遮水シートを深さ 0.5m に設置した．
矢板区	淡水レンズを創るため，四方に矢板（防水ベニヤ）を深さ 1m まで入れた．
保水材区	造園用の保水材を深さ 0.3m から 0.1m の厚さに入れて淡水貯留を図った．
客土区	底質の違いを試験するため，対照区の 1/4 造園用の鹿沼土を客土した．
対照区	海砂が厚さ 1.2m 覆砂されており，そこにヨシ苗を直接移植した．

水をできる限り簡易な方法で貯留できるように，表3·1に示すような工夫で実験区と対照区を設けた（図3·9〜12）．実験の地盤高は高潮水面より+0.38 mで，各区の広さは5×5 m，底質は中央粒径0.523mm，砂分（0.075〜2mm）88％，強熱減量（有機物量指標）約0.56％，礫まじり砂である（客土底質を除く）．移植の苗は，新芽が出る直前に採取したヨシの地下茎を約5cm（成長端を含む2節）に切断し，植栽用土を充填したポットに移して陸上のヤードで約2ヶ月間育成したものである．この際，塩分の影響を試験するため，淡水育成の他に塩分濃度を1％と2％に調整して3週間馴致した苗を育成して移植実験に用いた．地下茎は淡水域生息の陸生のヨシ（鳥取産）と大阪南港野鳥園汽水・海水域生息の沿岸生のヨシを採取した．

　移植は2004年5月に行い，各区には100ポットの苗（平均草丈30cm）を50cm間隔の行列になるようにポットごとに移植した．移植ヨシ苗のポットは生分解性材質のものを用いた．移植苗を養生するために，実験区の周辺に貯水タ

図3·9　遮水シート区

図3·10　矢板区

図3·11　保水材区

図3·12　客土区と移植苗給水養生の配管（2004年7月の葉茎数を100％とした.）

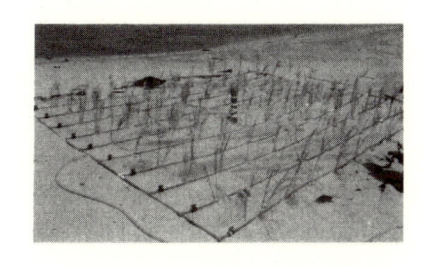

図 3・13　植樹 2 ヶ月後のシート区の植栽状況

図 3・14　移植 6 ヶ月後，台風の影響を受けた遮水シート区の植栽状況

ンクを設置して，移植直後から 30 日間のみ毎日朝夕に 100l/日の散水量で各実験区に供給した（図 3・12）．図 3・13 は移植後 2 ヶ月後の状況であり，どの実験区のヨシも順調に成長した．しかし，移植年の 8 月から 10 月にかけて台風が複数大阪湾を通過し，高潮と高波浪により実験区の一時的な冠水と土砂堆積が発生したため，地上部は壊滅状態となった（図 3・14）．同年 9 月と 11 月の観測では，地上出現葉茎が殆ど観察されなかった．地下茎を掘り出して観察したところ，従来のヨシ原で観察された地下茎と同様な状態であるため，ヨシは生存していると判断した．翌春（2005 年 5 月）には，新芽が出現し，遮水シート区では同年の 11 月まで，他の 3 実験区では 9 月まで地上出現葉茎数が増えて花穂の出現も観察された．2006 年 3 月の冬には全ての地上出現茎が枯れ，そして，同年の 6 月には，客土区では移植時に比べて 5.0 倍，遮水シート区では 3.5 倍，保水材区では 3 倍，矢板区では 2 倍も茎葉数が増えた（図 3・15，16）．一方，貯水機能を施さなかった対照区では，茎葉の出現は観察されなかった．移植 3 年間の観察結果より，雨水を貯留する材料を利用して水分を確保することで，底質に養分（強熱減量を指標として）が少なくて砂質の底質にも移植ヨシの定着が可能であることが実証された．また，底質に客土を施せば，地上出現葉茎数を向上させることが確認された．

3・3　干潟地形安定化工法実験

浚渫土砂を用いて造成された干潟は，圧密沈下や波浪などによる侵食，堆積の地形変化が重大な課題である．本実験では造成後の干潟が対象であるため，簡易的な方法で波浪による地形変化を抑制し，生物の付着並びに生息空間創造を期待した．実験は阪南 2 区人工干潟の潮間帯となる地盤高の位置に，表 3・2 と図

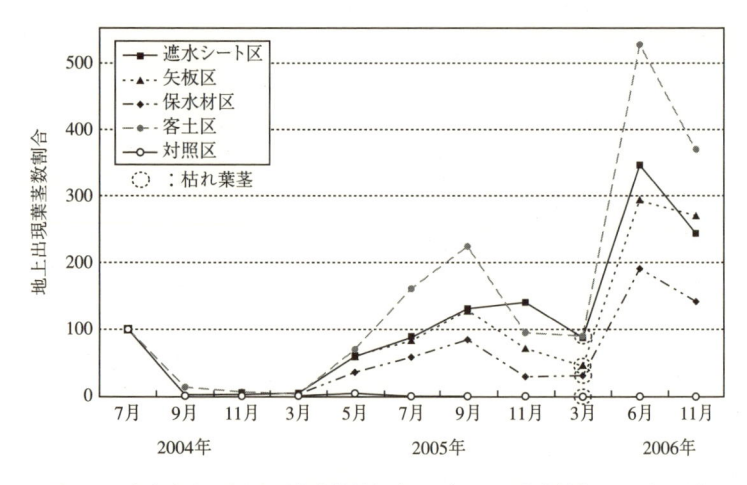

図3・15　各実験区の地上出現葉茎数割合（2004年7月の葉茎数を100％とした）

図3・16　ヨシ移植3年目6月の植栽状況

3・17～19に示す各実験区15×15mの広さで設けて南北両サイドと沖側を対照区とした．なお，各工法の諸元，および配置間隔は室内実験の結果からフルード相似則で決定した．

　2004年5月から2005年3月までの10ヶ月間で観測した地形変化量（圧密沈下量を考慮して算出した波による地形変化量）の平均値は，図3・20に示すように，人工干潟の沖側全体の地形変化量と同様に，10cm以下と非常に小さく，フィルターユニット，転石ブロック，竹沈床の順で小さくなった．この結果は，一見

3章 生態系の連続性を考慮した浅場の再生　55

図3·17　フィルターユニット実験区

図3·18　転石ブロック実験区

図3·19　竹沈床の実験区

するとフィルターユニットの地形安定化効果が優れていると解釈しがちであるが，対照区の侵食量を比較すると北部が大きく南部の小さいことから，実験区は北部侵食，南部堆積という特性がある．したがって，各工法の地形変化は実験場固有の特性を反映していると解釈できる．今後は，明らかな侵食・堆積を計測するために長期のモニタリングを行い，各工法の地形安定化特性を検討することが必要である．

多数の空隙を有するフィルターユニット，転石ブロックおよび竹沈床には，多種・多数の底生生物が観察された．全ての転石ブロック直下にはカニ類や多毛類が出現し，フィルターユニット，転石ブロックおよび竹沈床の表面にはカキ，フジツボ類が多く付着していた（図3·21〜23）．したがって，これらの工法が砂

表3·2　地形安定化の実験区

実験区	備　考
フィルターユニット区	橋脚などの吸出し防止材などとして古くから用いられている．実験区では1個30kgのユニットを324個，被覆率25％になるように設置した．
転石ブロック区	直径0.34m，厚さ0.08mのモルタル製ブロックを比重2.2と2.6の2種類を作製し，被覆率25％になるように設置した．
竹沈床区	河川の浸食防止工法や生物生息基盤としての用途である「粗朶沈床」をヒントに，竹をロープで連結し，被覆率30％になるように干潟上に設置した．

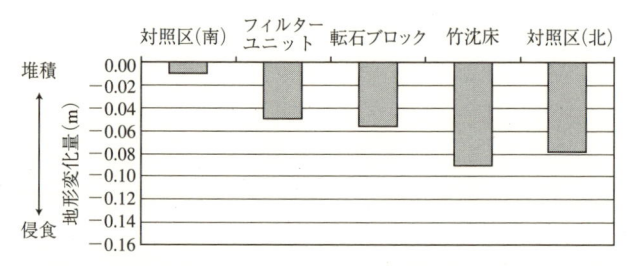

図3·20 実験区における波による平均地形変化量（10ヶ月間）の比較

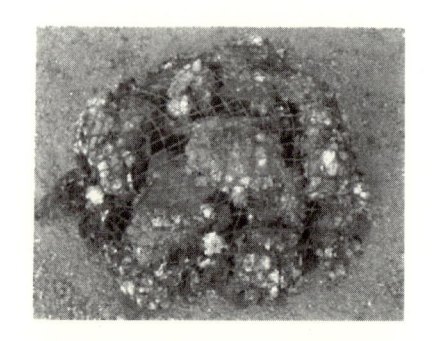

図3·21 フィルターユニットの生物付着状況

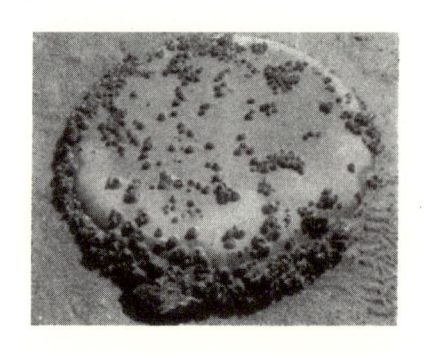

図3·22 転石ブロックの生物付着状況

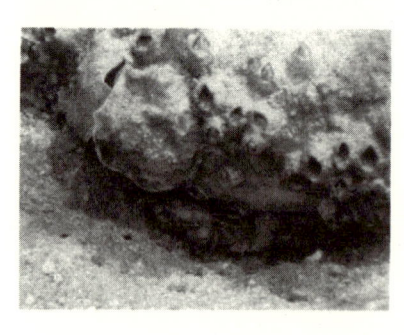

図3·23 転石ブロック縁に隠れていたカニ

質土を主体とする人工干潟に新たな生物生息空間を創出していることが確認できた．

§4. 今後の展開

本章では，浅場と周辺湿地帯の連続性を意識しながら，筆者らの再生技術開発の取り組みについて紹介した．HSIモデルによる生物生息場の環境評価手法は，対象となる場の理解，目標設定，造成諸元の決定などに十分に反映することができ，事業後の評価・改善に対しても順応的に適用できるような仕組みである．この仕組みを生かしてゆくためには，われわれ研究者や開発者，技術者のみでなく，漁業者，一般市民や関連NPO組織などの理解と協働作業が不可欠である．持続

可能の漁場整備・造成の実現には，上述したような開かれた現場実証実験を重ねながら技術の確立とともに，漁業者や一般市民などの理解と参加を図る必要があると考えられる．

文献

1) 田中昌宏, 上野成三, 林 文慶, 新保裕美, 高山百合子. 沿岸自然再生の計画・設計を支援する環境評価手法に関する一考察. 土木学会論文集 2003；No.741/VII-28：89-94.
2) 風呂田利夫. 内湾の貝類, 絶滅と保全－東京湾ウミニナ類の衰退からの考察. 月刊海洋 2000；号外 20：74-82.
3) Division of Ecological Services U.S. Fish and Wildlife Service. Habitat Evaluation Procedures. 1980.
4) 林 文慶, 高山百合子, 田中昌宏, 上野成三, 新保裕美, 織田幸伸, 池谷 毅, 勝井秀博. 沿岸域における複数生物の生息地環境評価－生態系連続性の配慮に向けて－. 水工学論文集 2002；46：1193-1198.
5) 和田恵次. コメツキガニとチゴガニの底質選好性と摂餌活動. ベントス研会誌 1982；23：14-26.
6) 新保裕美, 田中昌宏, 池谷 毅, 越川義功. アサリを対象とした生物生息適性評価. 海岸工学論文集 2000；47：1111-1115.
7) 新保裕美, 田中昌宏, 池谷 毅, 林 文慶. 干潟における生物生息環境の定量的評価に関する研究－多毛類を対象として－. 海岸工学論文集 2001；48：1321-1325.
8) 高山百合子, 上野成三, 勝井秀博, 林 文慶, 山木克則, 田中昌宏. 江奈湾の藻場分布データに基づいたアマモのHSIモデル. 海岸工学論文集 2003；50：1136-1140.
9) 新保裕美, 田中昌宏. 斜め天端型干潟土留め潜堤の消波性能に関する水理模型実験. 土木学会第60回年講概要集（CD-ROM版）第II部門. 2005；293-294.
10) 越川義功, 山木克則, 林 文慶, 中村華子, 田中昌宏, 小河久朗. アマモの安定種苗生産とその移植による群落形成. 海洋開発論文集 2006；22：625-630.
11) 山木克則, 新保裕美, 田中昌宏, 越川義功, 林 文慶, 中村華子, 小河久朗. 波浪条件の厳しい環境下でのアマモ定着特性の解明と耐波浪移植基盤の開発. 海岸工学論文集 2007；54：1081-1085.
12) 片倉徳男, 高山百合子, 上野成三, 小林峯男, 国分秀樹, 奥田圭一. 浚渫ヘドロを用いた干潟再生工法におけるヘドロ混合の設計・施工計画. 海洋開発論文集 2005；21：885-890.
13) 高山百合子, 上野成三, 湯浅城之, 前川行幸. 播種・株植が不要なアマモ移植方法における移植マットの改良とアマモ定着効果. 海岸工学論文集 2005；52：126-1220.
14) 古川恵太, 岡田知也, 東鳥善郎, 橋本浩一. 阪南2区における造成干潟実験－都市臨海部に干潟を取り戻すプロジェクト－. 海洋開発論文集 2005；21：659-664.
15) 林 文慶, 田中昌宏, 新保裕美, 高山百合子, 片倉徳男, 上野成三, 勝井秀博, 古川恵太, 岡田知也. 淡水供給が雨水のみの海岸におけるヨシ移植実験－阪南2区干潟創造実験－. 海岸工学論文集 2006；53：1186-1190.
16) 片倉徳男, 高山百合子, 上野成三, 勝井秀博, 林 文慶, 田中昌宏, 新保裕美, 古川恵太, 岡田知也. 人工干潟の地形安定化工法に関する現地実験－阪南2区干潟創造実験－. 海岸工学論文集 2006；53：1216-1220.

II. 市民参加の仕組みと効果

4章　浅場造成における市民の参加プロセス

伊藤　靖*

　近年，自然環境の維持・保全に対する国民的意識や関心の高まりと同時に，公共事業で整備される施設が生む利益は，国民が等しく享受すべきとする議論が盛んである．このような背景のなか，藻場・干潟などの再生にかかわる公共事業は，一般市民やNPOなど多様な主体の高い関心を集めている．また，高い意識や知見，技術を有した市民やNPOなどによる，自主的な藻場・干潟など沿岸環境再生への取り組みも，全国各地で見られるようになっている．

　藻場・干潟などの再生に限らず，公共事業による"場"や"もの"の整備・開発への市民参加はすでに常識となっていると同時に，関係者間の健全な共感と協働のしくみを前提とした多様な効果が期待されている．しかし，水産基盤整備事業における市民参加，あるいは市民などが主体的に沿岸域の自然環境再生活動に取り組むいずれの場合においても，漁協や漁業者，関係行政と市民などとの間に，共通認識や協働の体制が確立しているとは言い難いのが実情である．これは，藻場・干潟などの再生の場に，漁業と市民の，場合によっては相反するような異なる目的と利用が重なって存在してきた歴史的経緯から，相互理解が得にくいという背景に因るところが大きい．

　このため，効果的な市民参加型藻場・干潟などの再生を推進していくに当たっては，対象となる"場"に，漁業生産の場としての役割や利用が存在することを尊重しつつ，利害関係者が双方の立場や考えを理解し合い，全体としての多様な利益を生み出す取り組みを目指さなければならない．

　（財）漁港漁場漁村技術研究所では，水産基盤整備事業の中で，市民参加による藻場・干潟などの再生に取り組む際に，自治体担当職員および漁業協同組合

---

*（財）漁港漁場漁村技術研究所

職員を利用者と想定して，効率的で円滑な事業や活動の推進に役立つように一般的な合意形成と協働の方法やプロセス，留意点を中心にまとめた「市民参加型藻場・干潟造成マニュアル」[1]を作成した．ここでは，当該マニュアルを引用して，市民参加による浅場造成プロセスの概要を紹介する．

§1. 浅場造成への市民参加の歴史的背景

高度経済成長期をピークとするわが国の社会経済発展の陰で，沿岸域の自然環境や生態系を支えてきた藻場・干潟・珊瑚礁・磯などが急速に消滅，自然環境の悪化が進んだ．

このような環境悪化や公害の発生に対する国民的危機感の高まりと，昭和46年（1971年）の環境庁の設置を契機にしたさまざまな自然環境改善への取り組みを経て，平成15年（2003年）には「自然再生推進法」が制定・施行されている．地域の多様な主体の発意による，実効性ある自然再生と自然共生型社会の実現という「自然再生推進法」の趣旨は，自然環境再生に対する市民意識の高揚にさらに拍車をかけている．

このような状況の下，本来，漁業振興を目的とした水産基盤整備事業のうち，藻場・干潟などの浅場における造成事業が，結果として沿岸域の自然環境の改善に寄与していることから，市民生活と密着した海の自然再生や環境改善に意識をもつ多くの市民が高い関心を寄せている．そして，すでに漁業関係者と市民などの協働による，藻場・干潟などの浅場造成に関する取り組みが全国各地で見られるようになっている．

一方，これまで沿岸自然環境の維持・保全に主体的な役割を果たしてきた漁業者の減少・高齢化の進行など，漁業活力の総体的低下という現実があり，漁業関係者と市民などとの相互理解と合意形成を前提とした参加と協働による浅場造成と，その適切な維持・管理への期待が高まっている．

§2. 浅場造成における市民参加の意義と効果

2・1 市民参加の意義

浅場造成への市民参加は，漁業関係者と市民の双方に時間や労力を含めたコスト負担が発生するが，同時に，双方に有益な効果をもたらす．つまり，市民な

どの知識・知見・労働力の提供により，実効性の高い浅場の造成や事後の適切な利用・維持管理が可能になることが期待されるし，市民などにとっては漁業関係者との合意のもとに漁業権水面をはじめとする沿岸域での活動や利用の可能性が広がることが期待される．

　これまで沿岸域の自然環境保全に主体的役割を果たしてきた漁業自体の活力が低下する中，漁業関係者と市民側の意識が断絶した関係のまま，漁業の内部コミュニティだけで，藻場・干潟などの再生や保全，適切な利用や維持管理を行っていくことの限界が指摘されている．

　したがって，共通の自然感に基づく高い意識をもち，高度な知識・技術・労働力，場合によっては機器の提供も可能な市民やNPOなどと漁業関係者が，適切なかたちで協働することが求められる．そのためには，相互理解と合意形成のプロセスを通じた，参加と協働の相補的な協力関係の構築が不可欠であり，最終的には持続的に地域の自然環境を守り育てる全地域的な"地域力"の創出が求められる．

　市民が浅場造成に参加することの意義は以下の4点に集約される．

　①沿岸自然環境保全に主体的役割を果たしてきた漁業活力の低下により，実効性ある浅場造成と適切な利用および維持管理を，漁業内部の限定的コミュニティで実現することが困難になってきており，信頼できる協働のパートナーの確保が必要となっている．

　②同じ自然観を共有し，さまざまな知識や技術，ボランティア的労働力を有する一般市民やNPOなどと漁業関係者間の合意形成を前提とした参加と協働が，相互補完的な大きな力になる可能性がある．そのことにより，実効性のある浅場の造成，事後の適切な利用（漁業と海レクリエーションなど一般市民利用間の利用競合調整のしくみづくりの議論など）と維持・管理が達成できる可能性が高まる．

　③適切な相互理解と合意形成のプロセスを経た参加と協働の過程の中で，市民，漁業関係者，自治体など行政関係者それぞれの意識向上を含めて，個人や組織がよりよい方向に変化することが期待される．また，そのような変化の過程で，それぞれにとって有益な多くの具体的効果（後述2.2参照）が発生する可能性もある．

④参加と協働の体制が，それぞれの立場や考えの違いを超えた，全地域的な持続的地域運営の基盤となる"地域力"の創出につながる．

2・2 市民参加に期待される効果・メリット

市民参加による最大の効果は，実効性のある浅場の造成とその後の適切な利用と維持管理が実現する可能性が広がることであるが，同時に，参加する漁業関係者や一般市民・NPO，自治体など行政それぞれが，参加と協働のプロセスを通じて，個人的にも組織的にもよりよい方向に変わることへの期待と言えよう．

現状の沿岸自然環境保全や再生のあり方や施設（場）の利用競合，適切に実施されていない維持管理などの諸問題を調整・解決する主体は，個々の"人"である．参加と協働のプロセスを経ることで，それぞれの立場の"人"が，問題の本質を理解し，意識を改革し，より良い方向に変わる可能性がある．これは，それぞれの"人"が所属する組織や体制についても同じことが言え，さまざまな立場や考えに接することで，広い社会的知見や新たな発見があり，組織の柔軟性や能力の向上につながることが期待される．

このような視点で，漁業関係者，市民・NPOなど，自治体など行政それぞれにとって期待される「市民参加の具体的効果・メリット」を整理すれば，以下の通りである．

① **漁業関係者**　総体的な漁業活力の低下により，漁業コミュニティ内部だけでの実現が困難になりつつある，自然環境再生・保全と，その後の適切な利用・維持管理の実践に向けて，信頼できる協働パートナーが確保される．

また，市民参加のプロセスを通じて，再生した藻場・干潟や海域（漁場）の利用競合調整のためのルールづくりに向けての議論や意見調整，市民の知識や技術・マンパワーの活用による持続的な維持管理，市民との交流をテコとした漁家の新たな収入機会の創出（従来型遊漁観光の拡充や漁業体験や交流・イベント型観光，直販・宅配など戦略流通機会の拡大）といった効果が期待される．

② **市民・NPO**　浅場造成に市民が参加する場合，そのフィールドで漁業が営まれ，漁業権という先行的権利が存在することから，漁業関係者や自治体など行政との合意形成と協働を通じて初めて，一般市民などが企画・構想する沿岸自然環境再生が実効性をもって実現することになる．

また，一般市民などは，合意形成のプロセスを通じて，同じ地域に成立する

漁業や生活者としての漁業者，沿岸自然環境とそれを前提として成り立つ漁業との関係を理解することになる．このような漁業に対する正確な理解と共感は，これまで二律背反的に語られてきた，海域や資源利用に関する漁業と一般市民間の反目や競合問題解決に向けての第一歩となる可能性をもつ．つまり，無知と無理解が生む反目を超えて，「現実的な海域・資源利用競合調整のルールづくり」に向けた当事者間の話し合いの場ができることで，合意形成による適切なルールが双方で確認されれば，市民の海域利用の可能性が拡大することも期待される．

さらに，同じ地域に成立する漁業関連のさまざまな市民参加（漁業体験交流，地場水産物の直販・宅配など地産地消，漁業や魚食文化を活用したイベント）の機会の選択肢が増える可能性もある．

一方，一般市民やNPOなどの参加は，多様な価値観を反映したきめ細かな社会サービスの実現や政策提言を通じて，新しい公共領域の創出につながる可能性も大きく，目的をもって組織化されたNPOの体質強化や質の向上にもつながる．

③ **自治体など行政**　これまで市民参加に不慣れな行政，とりわけ水産にかかわる行政が，市民参加のプロセスの中で，さまざまな立場の人びとの自由な発想に接したり，参加者に対して施策や事業に関する的確な説明責任を果たすことになる．このようなプロセスを通じて，個々の行政マンの資質の向上と，多様化する社会ニーズの1つである市民参加への適切・柔軟な対応が可能な組織の創出につながることが期待される．

より具体的には，市民参加プロセスの中で，沿岸域における漁業と市民間の意識や利用上の競合調整という困難な行政課題について，当事者間の話し合いの場が確保されることから現実的な解決の糸口が得られる可能性がある．また，浅場造成事業や事後の維持管理に必要な知識や技術，マンパワーや機器・資材の一部を，市民ボランティアに依存することにより，財政縮減下の経費負担の克服の一助につながる期待もある．

2・3　市民参加の留意点
1) 浅場造成に対する漁業関係者と市民の認識や目的の違い

市民参加によるさまざまな効果を発現するためには，往々にして利害関係にある漁業関係者と一般市民やNPOなどとの間の，適切な合意形成のプロセスが

必要である．そのためには，まず，双方の立場や考えを把握し，理解しなければならない．

　図4・1は，浅場造成に関わる漁業関係者と市民の認識や目的の違いを整理したものである．漁業関係者にとって藻場・干潟などの再生は，結果として自然再生につながるとしても，第一義的には対象となる漁獲資源の維持・培養による漁業振興を目的としたものである．一方，一般市民やNPOなどの興味と関心は，自然再生自体とその利用にあるのが一般的であり，それぞれの主要な目的自体が基本的に異なることを認識しなければならない．さらに，一般市民の間だけでみても，自然観や自然再生に関する考え方は，世代や職業，個人と自然とのかかわり方によってさまざまである．

　つまり，浅場の造成における市民参加を進めるに当たっては，異なる目的や立場，多様な価値観の存在を前提にした合意形成のプロセスが求められることになる．しかも，このような社会的議論の方法に唯一の答えはなく，地域や参加者の特性に応じた柔軟な運営が必要となる．

　このように，浅場造成への市民参加について，漁業関係者と市民・NPOなどの間で，「沿岸自然環境の保全・再生」という，スタートラインの基本的認識は共有されているものの，それぞれの目的や期待する効果については，異なる認

漁業側における藻場・干潟再生の目的	市民側の藻場・干潟再生の目的
■主目的 　公共事業の活用の有無を問わず，藻場・干潟等再生の主目的は，漁業者を受益者と想定した漁獲資源の維持・培養を通じた漁業振興にある． ①対象魚種の維持・培養による漁業生産の増大と漁業経営の安定 ②漁業操業の効率化 ③安全性の向上と未熟練漁業者や高齢漁業者の営漁支援 ④漁業の担い手の確保　他 ■副次的目的 ①浅海沿岸域の自然環境保全・再生 ②関連産業振興（生産向上関連） ③親水・余暇機能の提供（観光・交流・体験学習振興と関連地域経済波及） ④消費者への安定的(安価)な魚介類供給 ⑤国土保全・防災	一般市民やNPOなどが，藻場・干潟等の沿岸自然環境再生の実践や利用，維持管理等に参加しようとする場合に求められる，市民やNPO側の目的や期待する効果には，次のようなものが考えられる． ①沿岸域の実質的な自然環境保全・再生 ②再生後の海域（藻場・干潟等）の多様な利用 ③持続的な環境の維持・保全 ④公的資金や支援事業における透明性確保と生活密着型の市民要請の反映 ⑤その他多様な個人的関心や興味

図4・1　藻場・干潟再生に関する漁業関係者と市民の認識や目的の違い

識をもつ.

つまり，漁業関係者の主目的はあくまで漁業振興であり，再生される藻場・干潟は，漁場利用を前提としている．一方，市民側は，優れた自然環境や場の造成・維持と，多様な市民利用を通じて，快適で豊かな市民生活の実現を目指している．

2) 目的の違いを超えた協働の推進

図4·2は，浅場造成に対する漁業関係者と市民の目的や認識の共通点と相違点を整理したものである．漁業関係者と，一般市民やNPOなどの間に共有される目的（期待する効果）は，沿岸自然環境の保全・再生にある．しかも，沿岸域の自然環境の保全・再生といった大きな目的は，たとえ浅場造成が一時的に実現したとしても，その後の持続的な利用と維持管理が適切に実行されなければ意味をなさない．そして，そのような持続的利用と維持管理を漁業関係者だけ，あるいは既存の漁業関係の利用を無視した一般市民やNPO側だけで実践することは，現実的には不可能である．したがって，初期の目的を達成するためには，双方の協働・連携が不可欠である．

一方，市民参加型公共事業や自発的市民活動の最大の問題点は，再生した藻場・干潟を含めた沿岸域の空間的・資源的利用競合に対する漁業関係者側の根強い不安にある．特に，漁業に所得の多くを依存している漁業者には，市民による海域（漁場）の無秩序な利用については依然強い拒否反応がある．

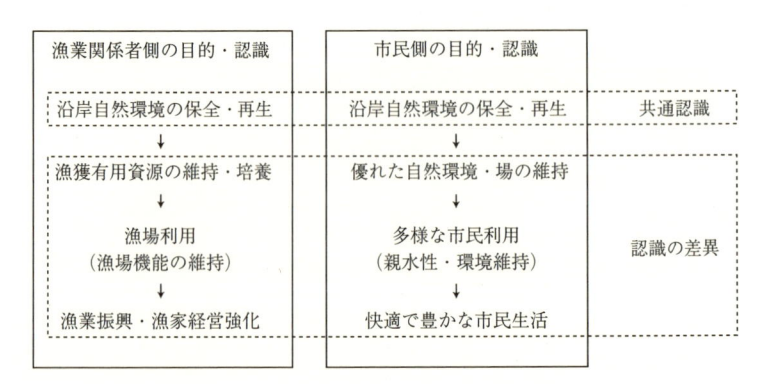

漁業関係者側の目的・認識	市民側の目的・認識	
沿岸自然環境の保全・再生 ↓	沿岸自然環境の保全・再生 ↓	共通認識
漁獲有用資源の維持・培養 ↓ 漁場利用 （漁場機能の維持） ↓ 漁業振興・漁家経営強化	優れた自然環境・場の維持 ↓ 多様な市民利用 （親水性・環境維持） ↓ 快適で豊かな市民生活	認識の差異

図4·2　浅場造成における漁業関係者と市民間の目的・認識の共有と差異

しかし，このような沿岸域の空間や資源利用競合の多くは，相互理解が得られていないことで発生しており，市民参加プロセスの中で，空間的・資源的利用競合調整のルールづくりについて議論と調整を図っておくことが必要である．

つまり，相互理解を通じた目的と認識の共有を前提に，目的達成に向けて，お互いの考えの違いを近づけていく努力が求められることになる．

§3. 市民参加による浅場造成プロセスの概要
3・1 総 論

図4・3は，浅場造成における市民の参加プロセスをフロー図で示したものである．市民参加を進めるための最初のプロセスは，参加と協働の主体となるべき市民側，あるいは市民と漁業関係者による組織づくりである．組織化を経て，双方の合意が形成されたなら，次の段階として実質的な浅場の造成を具体的に実施していくための計画・設計・実践プロセスが必要となる．そして，市民参加効果として最も期待される，事後のモニタリングを前提とした適正な利用と維持管理を実現する段階に移ることになる．

このようなプロセスが適正に実行されることにより，最終的に立場を超えた地域全体の自然環境保全と適正な利用・維持管理を持続的に実践する"地域力（協働の地域コミュニティ力）"が根付くことになる．

```
┌─────────────────────────────────┐
│ 相互理解と合意形成のための組織づくり │
└─────────────────────────────────┘
             ↓
┌─────────────────────────────────┐ ┐
│ 具体的な藻場・干潟再生のための計画・設計・実践 │ │
└─────────────────────────────────┘ │フ
             ↓                     │ィ
┌─────────────────────────────────┐ │ー
│ 適正な利用・維持管理              │ │ド
└─────────────────────────────────┘ │バ
             ↓                     │ッ
┌─────────────────────────────────┐ │ク
│持続的な自然環境保全と適正な利用・維持管理のための"地域力"の創造・定着│ ┘
└─────────────────────────────────┘
```

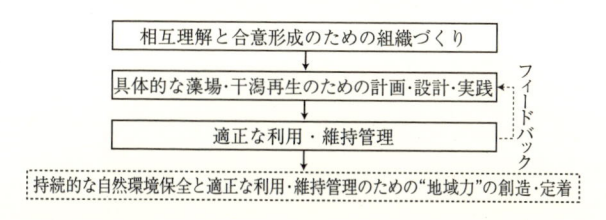

図4・3 藻場・干潟再生と利用・維持管理のための市民参加プロセス

3・2 各プロセスの概要

ここで示す市民参加の各プロセスはあくまで一般的な目安であり，実際には試行錯誤とフィードバックの繰り返しとなる．ただし，対象となる市民参加による藻場・干潟などの再生と，事後の利用・維持管理の実践という目的達成のために必要と考えられる基本的な事項は含まれている．

1) 相互理解と合意形成のための組織づくり

浅場の造成および事後の適正な利用・維持管理のための市民参加を推進していくために，まず必要になるのが，参加と協働の主体となる組織である．

市民参加のスタートラインの形態や時期は，その主体や参加者の構成，あるいは異なる主体間の関係などが多様であることが予測される．参加と協働の一方のパートナーである漁業関係者については，漁業協同組合などの既存組織が存在するが，市民側がその時点で組織化されているかどうかは，個別の状況により異なる．

どのようなかたちの出発だとしても，市民参加が動きだそうとする時，お互いの考えや目的・立場を理解し合い，大まかな事後の利用や維持管理までを見据えた合意形成の窓口（市民側の組織）と意見交換の場（機会）を，なるべく早い時期につくる必要がある．特に，年度ごとの成果といった，時間的な制約のある公共事業への市民参加の場合，特定の事業と必ずしもかかわらない事前の組織化と合意形成のシステムづくりが重要である．その際，双方の橋渡し役となるコーディネーターは，事後のスムーズな活動推進が可能なように，初期段階で体制づくりに努めなければならない．

ただし，理想的には，ある特定の事業や施策が提示された時期に応じて組織や体制がつくられるのではなく，地域の意思決定や参加・協働の体制が地域のあたりまえのシステムとして形成されていることが望ましいことは言うまでもない．

2) 具体的な浅場造成のための計画・設計・実践

通常の水産基盤整備などの公共事業を利用して藻場・干潟などの再生を実施する際の一般的な計画・設計・実践フローは，次に示す通りである．

ただし，図4・4で示す作業の流れは，公共事業における浅場の造成事業の場合の一般的な考え方であり，実際にさまざまな条件下で市民参加を進める場合，利害関係者間の相互理解や合意形成に要する時間や時期，作業の内容は異なり，必然的に試行錯誤とフィードバックの連続が一般的であることを認識しておく必要がある．

(1)**事前方針の決定**　　事後の再生藻場・干潟など海域の利用調整を含めた，具体的な事業や活動の大まかな方針についての合意を形成する．

合意形成すべき取り組み方針の内容としては，①対象地域・海域の選定，②事前調査や分析（現況・変遷の把握）結果の共有，③整備方針の設定，④事後の利用および維持・管理方針の設定がポイントとなる．

年度ごとの時間的制約がある公共事業に市民が参加する場合で，事前に組織や合意形成システムが形成されておらず，計画決定後に市民が参加するようなケースでは，事業方針など基本的な事項に市民の意見や要請を反映させることは事実上難しい．また，関係者による合意が形成されないまま表面的な市民参加が進めば，事業計画が後もどりする可能性も大きい．そのような場合には，事後の利用や維持・管理に関する市民参加の方針を重点的に議論する方がより建設的と言えよう．

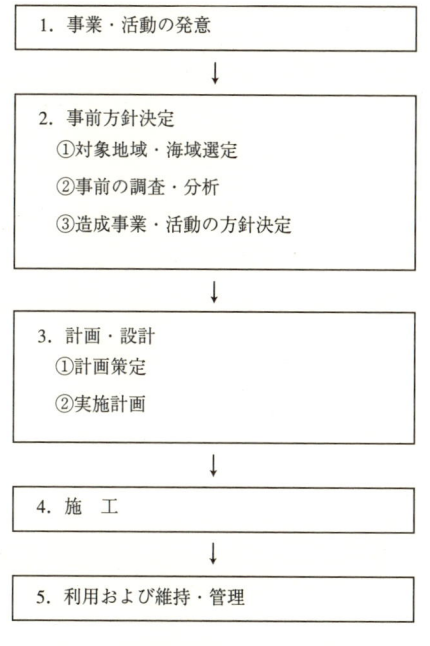

1. 事業・活動の発意
   ↓
2. 事前方針決定
   ①対象地域・海域選定
   ②事前の調査・分析
   ③造成事業・活動の方針決定
   ↓
3. 計画・設計
   ①計画策定
   ②実施計画
   ↓
4. 施 工
   ↓
5. 利用および維持・管理

図4・4 公共事業における一般的な藻場・干潟造成事業のフロー

一方，自発的市民活動の場合は，活動方針決定と，フィードバックを前提とした実践活動を同時並行的に実施することが重要である．

(2)計画・設計 具体的な施設や活動の計画や設計を行う．この段階になると，より具体的な事業や活動の姿が見えてくるようになり，往々にして議論が後もどりする場合も多い．

目的の達成のためには，試行錯誤とフィードバックを繰り返しながら，確実な合意をとりつけていくしか方法はなく，コーディネーターは，腰を据えた議論を繰り返し行う中で，専門家の助言や類似事例を含めた専門的・科学的な情報を積極的に提供するなど地道な努力が必要になる．

このようなプロセスにおいて，合意形成のための材料として提供されるはずの計画や設計図面などの資料が素人にわかりにくいことが多く，後になって"こ

んなはずではなかった"というトラブルを引き起しかねない．これらの資料については，情報をわかりやすく加工するなどの配慮が必要である．

すでに決定している公共事業に市民が参加する場合，年度ごとの時間的制約の中で計画・設計内容に市民の意見を反映するには，相当の労力を要する点に留意する必要がある．一方，自発的市民活動の場合には，大規模な工事を必要とすることは稀であり，比較的容易に実践可能な取り組みが多い．したがって，フィードバックを前提とした，活動との同時並行的な計画・設計が有効である．

(3) 実 践　現場での実践（施工）段階では，これまでの合意内容が，実際の実践活動や施工現場に的確に反映されることが求められる．

漁場改善と同時に，生物の多様性や地域の環境全体に調和する，きめ細かな施設施工や実践活動を行うためには，現場の実情に詳しい漁業関係者や地域住民などのアドバイスを必要に応じて受けながら進めることが重要である．

また，実践（施工）段階での周辺環境への影響や，自然再生の可能性についてモニタリングし，その結果を実践（施工）にフィードバックする"順応的"な対応が必要である．

コーディネーターには，実際の参加・協働の現場に出向き，活動が円滑に進むための連絡・調整の役割が期待されることになる．

公共事業への市民参加の場合，事前の調整と合意形成を前提に，市民が参加可能な施工部分に参加することが考えられる．一方，自発的市民活動の場合は，工事施工というよりも，海藻やサンゴ苗の移植や外敵生物の駆除などの比較的取り組みやすい内容が主な実践活動になる．

3) 適正な利用と維持管理

図4・5は，試行錯誤とフィードバックを繰り返しながら目的達成に向かう市民参加型浅場造成のプロセスの概念を示したものである．浅場造成に関する市民参加の最も重要な成果は，市民やNPOなどと漁業関係者の相互理解と合意形成プロセスの結果としての"地域力（コミュニティ力）"の創出と定着にある．つまり，施設や場の完成は，"地域力"による，継続的で適切な利用と維持・管理の始まりと位置付けられる．

事後の施設や場の状況変化や効果について，参加する一般市民やNPOなどが，漁業関係者と協働してモニタリングを行うとともに，適切な維持管理やその後の

4章 浅場造成における市民の参加プロセス　69

コーディネーター
・自治体職員
　水産・土木・建設
　環境
　普及指導員
　漁協職員
・組織化支援
②的確な情報提供や専門家等の紹介
③相互理解促進
④合意形成
⑤支援制度や施策

1. 相互理解と合意形成のための組織づくり

発意・初動段階から市民やNPOと漁業関係者の異なる主体の協力関係や組織ができている場合

全く異なる主体ごとに事業や活動が発意されそれぞれが別々に活動している場合

公的資金や支援事業制度を利用した事業や市民らによる自発的活動に異なる主体が途中参加する場合

①組織化（主体窓口と参加メンバー構成）
②正確な情報交換と相互理解・合意の形成

2. 具体的な浅場造成のための計画・設計・実践

2-1 浅場造成の取り組み方針の決定
専門家の参加や科学的な正確な情報あるいは日々海に接している漁業者や一般市民の情報を共有しながら、①対象地域、海域選定、②事前の調査・分析結果の共有、③整備方針の設定、④事業後の利用および維持管理方針について合意形成を図る。

2-2 計画・設計
①計画の策定
合意した取り組み方針に基づく計画の策定（専門的・科学的情報）

②設計
計画の具体的な施設設計（専門家の参加）

2-3 実践（施工）
合意した方針・計画・設計の具体的な活動や施工への反映

3. 適正な利用と維持管理

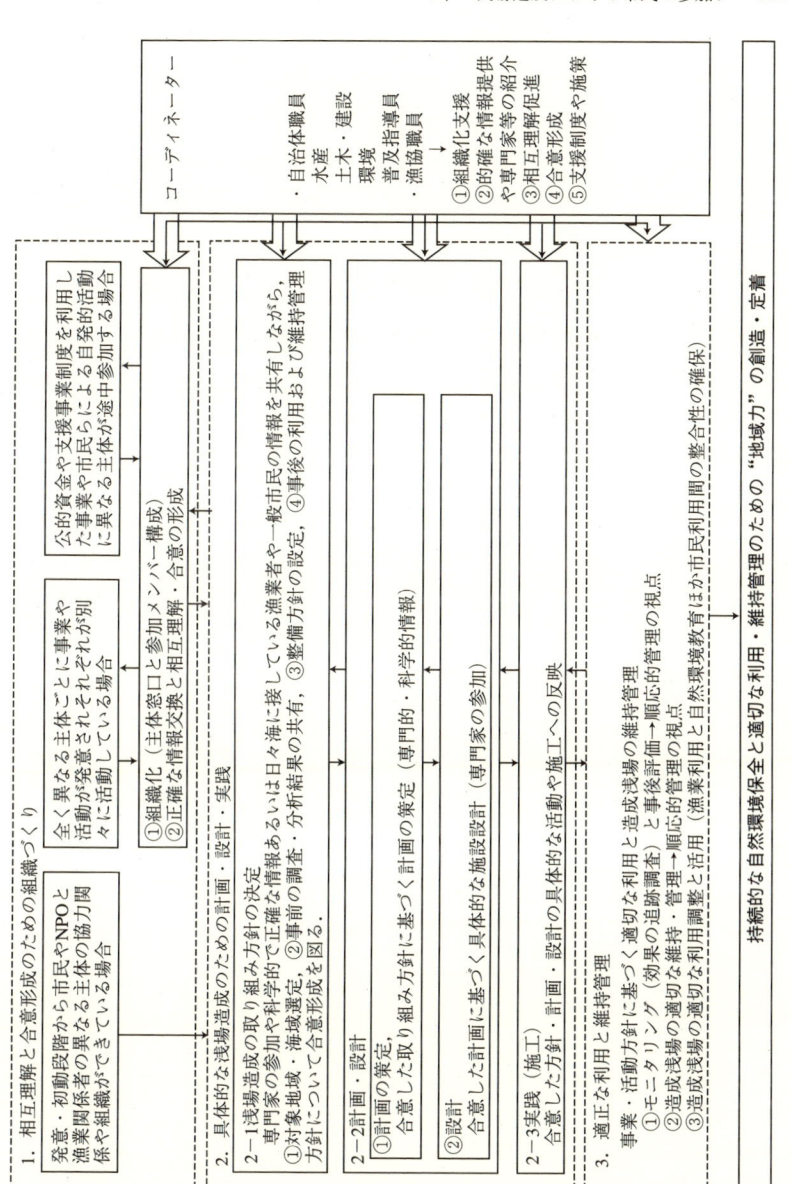

事業・活動方針に基づく適切な利用と造成浅場の維持管理
①モニタリング（効果の追跡調査）と事後評価→順応的管理の視点
②造成浅場の適切な維持・管理→順応的管理の視点
③造成浅場の適切な利用調整と活用（漁場教育と自然環境教育）は市民利用間の整合性の確保）

持続的な自然環境保全と適切な利用・維持管理のための"地域力"の創造・定着

図 4・5　市民参加型漁場・干潟再生事業や活動の進め方の目安

活動にフィードバックすることが効果的である．また，再生した藻場・干潟などは，漁業利用との綿密な調整を踏まえて，自然体験活動や環境学習，エコツーリズムの場として活用されることが期待される．

　市民参加に最も期待される現実的効果の1つが，市民の労働力や知識・知見による事後の適正な利用と維持管理である．したがって，年度内に一定の成果が求められる公共事業がすでに進行している時期に市民が途中参加する場合でも，事後の適切な利用や維持管理に市民が実質的に参加し，その意義や効果を発揮することは十分可能である．その場合，すでに施設整備が進行し，時間的な制約があるとしても，施設完成後の利用や維持管理に関する市民参加のあり方について関係者間の早急なルールづくりが必要となる．

文　献

1）水産庁．市民参加型藻場・干潟造成マニュアル－自治体職員と漁協職員のための藻場・干潟再生における市民参加対応マニュアル，2007：145．

5章　市民参加による海づくりの推進

工藤孝浩*

　皆さんは「海づくり」という言葉から何を連想しますか？　水産関係者ならば，天皇皇后両陛下がご臨席される「全国豊かな海づくり大会」を想い浮かべられるかも知れないが，一般の方々は具体的なイメージを想起しにくいのではなかろうか．また，最近は行政施策においても「海づくり」という言葉を目にするようになったが，その確たる定義は寡聞にして聞かないようである．そこで本章では，水産生物の増殖を促す「場づくり」である浅海漁場整備と，「種まき」にも例えられる種苗放流から資源管理に至る一連のプロセスである栽培漁業とを統合した概念を「海づくり」と定義する．

　過去数十年間にわたりわれわれ水産関係者は，沿岸域の水産資源を増やすために，浅海環境への積極的な「場づくり」の働きかけを行ってきた．その具体的な行為としては，藻場や干潟の造成・管理や投石をはじめとする幼稚仔保育場などの造成・整備などであり，それらの多くは地方自治体などが事業主体となって公共事業として実施されてきた[1]．最近は，「場づくり」の効果をより高めるために，人工種苗を放流して栽培漁

図5・1　松沢成文神奈川県知事が参加したアマモ移植イベント
　　　　（2008年5月　横浜市海の公園）

---

* 神奈川県水産技術センター栽培技術部

業の場として活用する試みや，これまで別個に実施されてきた浅海漁場整備と栽培漁業とを連携させた「海づくり」事業の具現化が始まりつつある．

一方，「海づくり」の中身である浅海漁場整備や栽培漁業は，陸上とは大きく異なる自然環境である沿岸域を対象としているため，一般の方々にはその投資効果が見えにくく，受益者も限定的と捉えられがちである．そこで，「海づくり」に対する国民的な理解と支持を得るためには，浅海漁場整備と栽培漁業との双方に積極的な市民参加の手法を導入する必要があると考えられる．

本章では，浅海漁場整備の市民参加の事例として注目されている神奈川県におけるアマモ場の再生活動と，それを核とした「海づくり」への市民参加の展開過程を紹介する．神奈川県のアマモ場再生活動は，2000年に市民団体の発意によって始まり，企業，漁業者，研究機関および行政などとの協働によって発展をみた．主たる再生拠点である横浜市南部の金沢湾では，2005年以降アマモ場の自律的な拡大がみられ，そこを舞台としたマダイ種苗の放流などの栽培漁業との連携の試みや，市民参加による生物相や放流種苗のモニタリング調査が行われている．再生されたアマモ場を核とした「海づくり」への市民参加が展開されていった過程では，市民や漁業者との合意形成がその鍵を握っていた．神奈川県において，いかにして全国的に高い評価を受ける市民参加が実現したのかを，合意形成に意識を払いつつ稿を進める．

§1. 市民発意のアマモ場再生と中間支援組織の誕生

1990年代，東京都水産試験場は6年間をかけて千葉県富津から東京都内湾へのアマモの移植を試みたが[2]，移植群落は周年にわたって維持されなかったことから，「東京湾ではアマモ場再生は無理だ」という見方が専門家の間で支配的となり，以後はアマモ場の再生に挑戦する者は現れなかった．

ところが，2000年に横浜港奥にある運河の環境改善のためにアマモを育てようと，環境コンサルタント企業の技術者を中心とした市民団体「よこはま水辺環境研究会（現在はNPO法人格を取得）」が立ち上がった．同会は，膨大な予算を使って浚渫・覆砂をした運河の急速な環境の再悪化を憂い，市民の手で実施可能な維持管理手法の1つとして，アマモ場を再生しようとしたのだ[3]．その現場には，アマモ場の再生に必要な要素技術をもつ複数の民間企業が無償で集い，県

水産総合研究所（当時）も支援をしたが，アマモの定着には至らなかった．当時は東京湾産アマモの種子が入手できず，市民団体が手を尽くして入手した岡山県産の種子を用いたのだが，後に国内産アマモには海域ごとに高い遺伝的多様性が存在することが判明したため[4]，定着しなかったのは結果オーライと言えた．しかし，時代の趨勢から海の環境改善に取り組もうとする心ある市民が今後も現れることが予想された．このような善意に基づく市民の行動を支援していくためには，まず，遺伝子かく乱のおそれがない地元産の種子や苗を，行政が責任をもって提供する必要があると考えられた．そして，それを実践できる機関は，種苗生産施設を有する各都道府県の水産試験場をおいて他にはないとの結論に至った．

　そして，翌2001年度に予算ゼロながらも県（水産総合研究所）がアマモの種子や苗の生産に関する試験を立ち上げると，熱心な市民の方々が平日にも仕事を休んで作業の手伝いに駆けつけてくれた．市民側も，地元の水産試験研究機関が身元確かなアマモを生産することを熱望していたのである．こうして，県はアマモ場の再生活動を始めた中核的な市民との結びつき強めつつ，種子や苗の生産を実施するために必要な基礎技術を会得した．2002年度も予算がつかなかったが，播種による再生技術をもつ複数の民間企業から県との共同研究の申し入れがあり，横浜市漁業協同組合の立会いのもと3社とともに横浜市南部の金沢湾で播種試験を実施することとなった[5]．市民と県を中心とした協働の枠組みに企業が参入することに対して，当初は市民の中に違和感を唱える者もいたが，企業は営利追及の姿勢を見せずに紳士的に振る舞うことで受け入れられ，多様な主体による協働の枠組みの中で信頼関係を築いていった．

　すると，こうした取り組みに水産庁が着目し，2003年度から3ヶ年の水産基盤整備調査事業に採択された．その内容は，県と市民団体とが協働でアマモ場の再生に取り組みながら，再生事業が行政主体から市民・漁業者主体のものへと転換できるよう簡易なマニュアルを作ることであった．そして，県（神奈川県水産技術センター（以下，「水技C」と略す））も市民も経験したことがない新たな枠組みのもとで調査を円滑に推進していくためには，多様な立場の人々が集う合意形成の場と，水技Cと市民との間を繋ぐ中間支援組織の必要性が強く認識された．そして2003年6月に，NPO・市民，企業，横浜市漁協，地元小

学校，横浜市立大学，関東学院大学，横浜市，国土交通省，水技Cなどが参画した「金沢八景－東京湾アマモ場再生会議（以下,「再生会議」と略す）」が発足した[6].

こうして,調査事業の本体は水技Cと「NPO法人海辺つくり研究会（以下,「海辺研」と略す）」が担い，市民参加のための勉強会の開催，参加者の募集から現場における安全確保，ホームページの運営をはじめとする各種情報発信といった試験研究の範疇を超えるものは「再生会議」が担うという役割分担が確立され，全国にも例をみないユニークな取り組みが展開されていった．なお,調査事業の成果物は，冊子[7]にまとめられて関係機関などに配布され，現場での活用が図られている．

§2. 順応的管理によるアマモ場の再生

神奈川県におけるアマモ場再生事業の特筆すべき点は，事前の詳細な適地選定調査に基づく造成区画の設定にあった．アマモ場は，その上限水深を主に波浪条件に[8]，下限水深を主に光条件によって制限されている[9]．透明度が低い内湾部における適地水深帯の幅はわずか1mに満たないこともあり，その狭い適地を正確に割り出す調査は，再生事業の成否を分ける極めて重要なものであった[10]．2003年8～10月に横浜市金沢湾の野島・海の公園と相模湾側の横須賀市小田和湾で，水技Cと海辺研は次の調査を実施した．

- 海底地形・底質調査：測量により調査対象海域を確定し，ラインセンサス法による潜水目視観察と柱状採泥により，底質粒径や競合海藻の分布を調べた．
- 水温・光環境調査：アマモに対する水温・光条件が悪化する夏秋季に鉛直方向の水中光量と水温を観測し，水中光量が補償点光量を上回る水深帯を抽出した．
- 水理環境調査：既存資料を整理して波浪条件を推算するとともに，電磁流速計を設置して海底付近の流向・流速の連続観測を行った．

現場の調査から得られたデータを既存知見に照らした結果，10年に1度程度の確率で巡ってくる悪い日照条件下での適地範囲として次の水深帯が抽出された[7]．

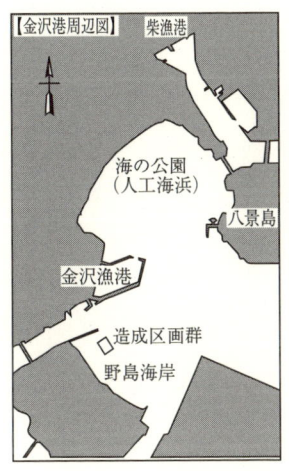

・野島海岸：平均水位基準で−0.4 〜−1.3m
・海の公園：平均水位基準で−0.0 〜−1.4m
・小田和湾：平均水位基準で−2.6 〜−4.9m

横浜市金沢湾における造成区画では，2003〜2009年のほぼ毎月，水技Cと海辺研が共同してアマモの生育状況の潜水モニタリング調査を行った．その結果は順応的な管理方策へと反映されて，造成区画の位置や水深帯などが年度ごとに細かく決定された（図5・2）．

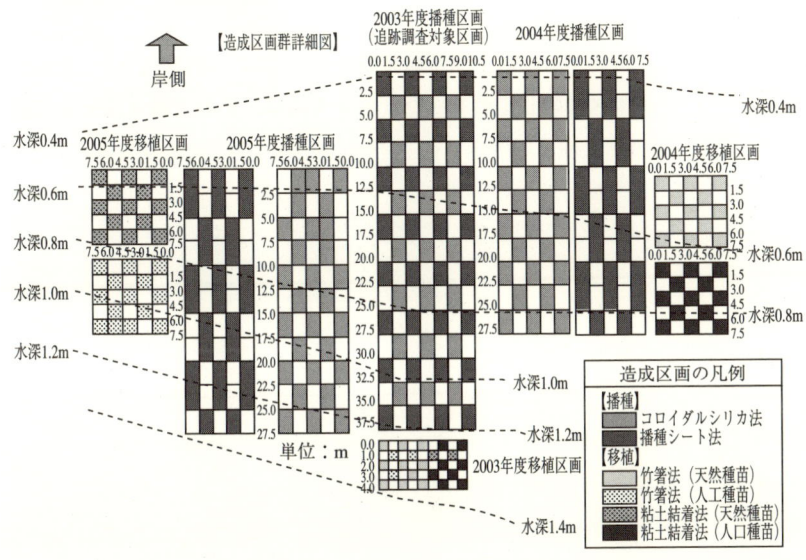

図5・2 横浜市野島海岸におけるアマモ場造成区画の詳細

野島海岸の2003年の播種区画を例としてアマモの平均株密度の推移をみると，株密度の増加は2004年冬春季においては僅かであったが，2005年冬春季に急増して早くもほぼ満限の密度である150株/m²を超えた（図5・3）．以降は，夏秋季に減少し冬春季に増加するという変動がみられているが，これは天然の

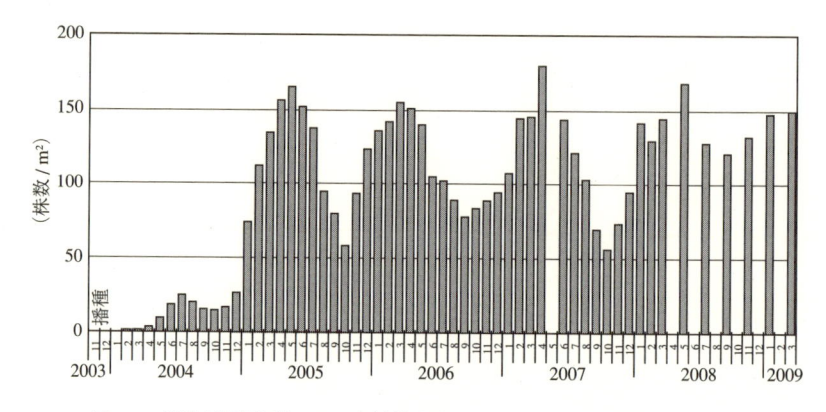

図5・3　横浜市野島海岸の2003年播種区画におけるアマモの平均株密度の推移

アマモ場においてもみられる季節的な増減である[11].

そして，2005年以降は造成区画内で開花・結実した種子が区画の外へと多数こぼれ出し，その実生に由来する新たな群落が形成され，区画の外へとアマモ場が急速に拡大していった．こうしたアマモ場の面的な拡大の状況は，神奈川県が所有するヘリコプターを使用した航空写真の撮影によって把握された．アマモ場の空撮調査は，花枝が形成されて草体が最長となる5月の大潮干潮時において，2002〜2008年に継続実施されている．

図5・4　横浜市野島海岸に再生されたアマモ場の自律的な拡大（左：2005年5月　左：2008年5月）

このように，事前の適地選定調査に基づき，「造成区画の設定」→「施工」→「モニタリング調査」→「評価」を経て「翌年度の造成区画の設定」へとフィードバックされる順応的管理のサ

イクルにより[10]，アマモ場の順調な拡大が図られたのである．野島海岸における 2005 年 5 月と 2008 年 5 月の空撮写真を比較すると，後者では事前に適地と判定された水深帯の大半にアマモ場が広がっていることが読み取れ（図 5・4），アマモ場の面的な拡大の過程は適地選定調査の妥当性の証左ともなっている．

§3. 市民参加によるアマモ場の生物調査

　野島海岸と海の公園のアマモ場がともに自律的な再生の段階に入ったと判断された 2006 年からは，水技 C が毎月野島海岸のアマモ場の水深 1 m 以浅において徒歩でサーフネット（袋網：網口 2×1 m，長さ 2 m，目合い 1.5mm；袖網：片袖 4.5 m ずつ、目合い 3mm）を曳き，魚類，甲殻類や頭足類の採集を行っている．この調査は現在も継続されており，再生されたアマモ場における生物の出現状況が 3 年間以上にわたって把握されている．調査には毎回 10 名以上の市民が参加しており，市民が自らの手で網を曳き，採集された生物の選別を行うことにより，アマモ場に現れる生物の顔ぶれや量の変化を体感する機会を提供している．調査の際に大勢で賑やかに海中に立ち込んで網を曳いていると，潮干狩り客などが興味を持って集まってくることがしばしばあり，浅海漁場の整備とその効果を現場で PR できるよい機会ともなっている．

　実は，野島海岸では 2000 年に県水産総合研究所がこれと同じ網を用いて毎月魚類調査を実施していたことがある[12]．その調査は，人工海浜と自然海浜の生物生産機能の比較検討を目的とするものであったが，再生活動が始まる以前のデータは，図らずもアマモ場がなかった時代の野島海岸の魚類相を記録した資料であった．野島海岸全体でアマモが数株しか生えていなかった 2000 年当時のデータを，アマモ場が自律的な拡大局面に入った 2006 年以降のものと比較することにより，アマモ場の拡大に伴う魚類相の変化を知ることができる（表 5・1）．

　1 年を通じた魚類の総種数は，2000 年の 39 種に対し，2006 年には 48 種と大きく増加しており，2007 年は 49 種，2008 年は 69 種と増え続けている．調査 1 回当たりの平均採集種数は，2000 年の 5.1 種から 2006 年は 14.7 種へと約 3 倍もの増加がみられ，以後も 2007 年 15.2 種，2008 年 18.6 種と増加が続いている．

　採集された魚類の顔ぶれは，アマモ場再生の前後で大きく変化した．2000 年

表5・1 横浜市野島海岸アマモ場におけるサーフネットによる魚類の採集状況

	2000年	2006年	2007年	2008年
期間	3～11月	3～12月	1～12月	1～12月
調査回数	15	10	14	12
総科数	23	25	29	34
総種数	39	48	49	69
平均出現種数	5.1	14.7	15.2	18.6
総個体数	13,569	4,713	17,569	24,345
平均個体数	904	401	1.225	2,029
総重量 (g)	—	6,671	16,796	13,201
平均重量 (g)	—	667	1,199	1,100
平均多様度指数 (H')	1.01	2.23	2.22	1.92

にはアマモ場で全生活史を送るヨウジウオ類とアオタナゴが採集されておらず，同様な生活史をもつアミメハギも3回採集されたのみだった．ところが，ヨウジウオ類は2006年以降毎回採集され，アミメハギも2007年以降ほぼ毎回採集されるようになった。遊泳力があるアオタナゴはこの採集法では採集されにくいが，2006年以降は稚幼魚の出現期には必ずまとまって採集されるようになった．また，アマモ場で生活史初期を過ごすメバル，アナハゼ類並びにギンポ類の採集頻度も，2006年以降は飛躍的に増加した．

調査1回当たりの平均採集個体数は，2000年の904個体から2006年の471個体へと一旦は減少したものの，2007年は1,225個体と2000年を上回り，2008年には2,029個体と大きく増加した．2000年に2006年より多くの魚類が採集された理由は，6月にニクハゼの稚魚が，8月にヒイラギの稚魚がそれぞれ大量入網した特異イベントがあったためである．それら2種だけで全採集数の9割以上を占めたが，他種の出現頻度と採集個体数は非常に少なく，魚類の出現状況は不安定で多様性も低かった．Shannon-Wienerの多様度指数（H'）の年平均が，2000年の1.01から2006年の2.23へと倍増して2008年までほぼこの水準で推移していることからも，アマモ場の再生に伴う生物多様性の向上が裏づけられる．さらに，採集個体数はアマモ場の拡大に伴って年々増加する傾向がみられる．つまり，アマモ場がなかった時代の魚類相は多様性が低く出現状況も不安定であったが，アマモ場が再生されると多様性が向上して出現状況が安定し，引き続くアマモ場の拡大に伴って高い多様性が維持されつつ個

体数の増加がみられたのである．

こうしたモニタリング調査を市民とともに実施し，経験と情報を共有することにより，今後のアマモ場の適切かつ順応的な管理へと繋げられるものと考えられる．

§4. コンフリクトの発生と合意形成

アマモ場の再生に適した沿岸浅所では，漁業をはじめ遊漁や潮干狩りなどの水産動植物の採捕行為が行われ，海水浴が楽しまれ，ヨット・プレジャーボートやボードセーリングなどが航行する．漁業者と様々な立場・価値観を有する市民の利用が輻輳する場において，それまでは何も生えていなかった砂泥の海底にアマモの群落を再生させたのだから，様々なコンフリクトが発生することは必然ともいえた．われわれが直面したコンフリクトの発生とその解決に向けた合意形成のプロセスは，各地の沿岸域で合意形成に苦労されている方々の参考になると思われるので，ともすれば偏った見方と受け取られかねない書きぶりの部分もあるが，敢えて微妙な問題にも触れてみたい．

4・1 漁業とのコンフリクト

横浜市沿岸における共同漁業権と区画漁業権は 1972 年に全面放棄させられ，現在は区画漁業権 1 件のみが免許されている．現在，一般市民は漁業者や漁業権の存在を意識することなく，アサリや天然ワカメの採捕が野放図に行われており[*1]，横浜の漁業者はアサリなどの浅海魚介類の管理に携わっていない[13]．しかしながら，われわれがアマモ場の再生を始めるにあたって，最も注意を払ったのが漁業者との関係であった．漁業を取り巻く情勢がより厳しさを増す昨今，収入に直結しないばかりか時間と労力の持ち出しとなるアマモ場の再生活動に積極的に参画する漁業者はほとんどいないのが実情である．それでも，アマモ場再生に関わる多様なセクターの中で漁業者の存在感を高めようとする意識は，水産関係者のみならず再生会議全体に共有されていた．そのことが，再生活動初期に顕在化した漁業者とのコンフリクトを解決に向けた大きな要因だと考えられる．

野島海岸のアマモ場再生適地は，地元の横浜市漁協金沢支所のノリ養殖場に

[*1] 海の公園では，市公園管理条例で 1 人 1 回 2kg までとアサリの採捕量が定められている

隣接しており，9～4月には造成区画のすぐ近くにノリ養殖の支柱柵が建て込まれて生産が行われている．PL法などにより食品の品質管理が厳しくなった今日，ノリの生産者が最も神経を尖らせているのが製品への異物の混入である．漁協に対して最初にアマモ場再生の計画を説明したとき，アマモの葉がノリに混入するおそれがあるとして，ノリ養殖の従事者から反対の声が上がった．これに対しては，アマモ場の公益的な機能を並べ立てて説得することしかできなかったのだが，結局，横浜市漁協はアマモ場再生に協力することになった．約300人の組合員を擁する漁協の中でノリ養殖の従事者は10人もおらず，組合長をはじめ理事のほとんどは場を巡る利害が生じない沖合を漁場とする漁船漁業に従事していた．そして，ノリ養殖はアマモ場の恩恵を直接受けないが，漁船漁業ではアマモ場で生まれ育った魚介類による水揚げ増が期待できることから，漁協は一部の不利益に目をつぶってアマモ場再生への協力を決めたものと思われる．

　しかし，漁業者の中には依然としてわだかまりが感じられたので，再生会議は2～4ヶ月おきに漁業者に対する報告会を開催し，活動の進捗状況と成果を知っていただいた．報告会は，翌日の底びき網が休漁する月曜日の夜に漁協の会議室で開催され，毎回20～30人の組合員が出席し，再生会議のメンバーと漁業者が繰り返し顔を合わせることで，相互理解と信頼感が深められていった．

　そして，2003～2007年の秋に実施されたアマモの播種イベントでは，金沢漁港と柴漁港が会場に選ばれた．毎回200名を超えたイベント参加者の中には，横浜市内に漁港があることすら知らない者も多く，都会の中に生きる漁業をアピールする機会ともなった．イベントでは，アマモの播種に関する作業を行うだけでなく，漁港内に係留された漁船の見学や，漁業者の話を聞く時間が設けられ，漁業者がイベント前の数日を費やして操業中に集めた珍しい魚介類の水槽展示やタッチングプールも実施された．そして2007年には，漁港に水揚げされた魚の試食会として，漁協婦人部が調理した300食分のアナゴの天ぷらとサバの竜田揚げが参加者に振る舞われた（図5・5）．アマモ場再生と食とを結びつけることがわれわれの悲願だったのだが，漁業者の協力によってそれが実現できたのである．

　繰り返される報告会やイベントによって，閉鎖的な漁業者の世界に一般市民

が頻繁に出入りするようになり，漁業者には着実に社会性が身についていったように感じられた．ノリ養殖の従事者の中にはいまだにアマモを快く思っていない者も見受けられるが，「アマモの活動に来る人が，いつもうちのノリを買ってくれるよ．アマモも大切だな」との嬉しい話も聞かれるようになった．漁業者との合意形成は，ゆっくりとだが一歩ずつ前進している．

図5·5 アマモ播種イベントで参加者に振る舞われた300食のアナゴの天ぷらとサバ竜田揚げ（2007年11月 横浜市柴漁港）

4·2 潮干狩りとのコンフリクト

東京湾のアマモ場再生の適地の多くは潮干狩り場と重なっている．普通の熊手を使った採取法であればアマモに対する影響はさほど大きくないのだが，再生活動が始まった当初には，根付いたばかりのアマモがジョレンを使ったアサリ採取による撹乱を受け，根こそぎ掘り取られる事件が多発した[4]．ジョレンとは，神奈川県海面漁業調整規則（以下，「調整規則」と略す）により非漁民の使用が禁止されている大型の採貝漁具である．

2003年11月に生分解性のシートにアマモ種子を貼り付けて海底に敷設した造成区では，敷設直後から2ヶ月間でシート52枚中29枚がジョレンによって破損した．シートの作成と種子の貼り付け作業を地元の小学生が行い，海底への敷設作業はボランティアのダイバーが行ったものだった．各シートには作成した子供の名札が取り付けられ，子供たちが自分のシー

図5·6 1日に4万人の市民が殺到する潮干狩り（2007年5月 横浜市海の公園）

トからの発芽を心待ちにしていた矢先の出来事だっただけに，一同の落胆ぶりは大きかった．そこで，2004年3月に造成区画の海面にアマモ場の保護を呼びかける看板付きのブイを浮かべるとともに，大型連休中には同じ内容のビラを作成して，市民とともに潮干狩り客へのビラ配りによる啓発活動を開始した．その効果は年を追って現場に浸透し，現在は潮干狩り客のアマモの認知度が上がり，アマモ場の人為的な撹乱が抑制されることにより群落の拡大にも寄与したと考えられた．

一方，金沢区北部のベイサイドマリーナに隣接する造成浅場では，内閣府の都市再生モデル調査事業として，2003年から国交省関東地方整備局とNPOとの協働によりアマモ場の再生活動が始まっていた．しかし，そこでは以前からセミプロ化した集団がジョレンを使用したアサリ採捕を繰り広げており，激しい海底の撹乱のため一向に群落の拡大はみられなかった．採捕者たちは反復して日常的にアサリを採っており，中にはアサリを売って生計を立てている者もいることから漁民か非漁民かの法的な判断は微妙で，非漁民のジョレン使用を禁じる調整規則に基づく取締りは難しかった．

そこで，再生会議は神奈川県海面漁業調整委員会に対して，委員会指示によるアマモ場の保護区域設定を求める要望書を提出した．これが設定されれば，漁民・非漁民に関わらず一切の採捕行為が禁じられるため，漁業者も操業できなくなる．しかし，漁業調整委員会では自らが不利益をこうむる立場の漁民委員が設定に前向きで，審議とパブリックコメントを経て水産動植物の採捕禁止区域を設ける委員会指示(2006年4月28日神奈川海区漁業調整委員会指示第1号)が発動された．これは実質的なアマモ場保護区の設定であり，委員会指示によるものとして全国的に注目される事例といえる．委員会指示の有効期限は1年間だが，翌年以降も更新されて採捕禁止区域内のアマモとアサリは増加傾向にあったが，2007年9月に関東地方を直撃した大型台風によって海底地形が変わるほど底質が大きく動かされた．その結果，アマモとアサリはともに激減してしまい，現状の委員会指示の効果は明確とは言えない．そして，採捕禁止区域の周囲では，相変わらずジョレンを使ったアサリの採捕が繰り広げられている．

4·3 海水浴・ボードセーリングとのコンフリクト

潮干狩りとのコンフリクトが解消に向かう一方で，アマモ場が大きく拡がっ

た海の公園では，海浜利用者との間に新たなコンフリクトが生じていた．海の公園は埋立地の地先に横浜市が整備した人工海浜で，1980年に潮干狩り場として開放され，1988年からは同市唯一の海水浴場として供用されている．以来，潮干狩り，海水浴，ボードセーリング，ビーチバレーなど多様なレクリエーションの場として多くの市民に親しまれている．2007年度の来園者数は184万人を数え，おそらく全国で最も賑わっている人工海浜であろう．

海の公園が造られた金沢湾一帯には，埋め立てが始まる1970年代以前には広大なアマモ場があったのだが，海の公園の整備後は30年近くにわたってアマモ場がない状態が続いていた．そのため，ここ数年でごく浅い場所にまで広がってきたアマモは，多くの利用者の目には見慣れぬ不気味なものと映ったのかも知れない．2007年の夏には，海水浴客から「足にアマモが絡まり子供がパニックになって溺れそうになった」，「遊泳中に腕や身体にアマモが触れて擦り傷を負った」などの苦情が寄せられた．さらに，海水浴客の監視を行うライフセーバーからは，「使用するマリンジェットがアマモを吸い込んで推進力が落ち，監視活動に支障が生じた」との声が寄せられ，1980年代から営業するボードセーリングショップからは，「ボードのフィンにアマモが絡んで走行性が悪くなり，客足が落ちた」との声があがった．

そこで，海の公園を管理する横浜市が中心となり，NPO，ライフセービングクラブ，ボードセーリング協会，漁協，公園管理者，横浜市，神奈川県などの関係者が集まって2007年12月から定期的に検討会を開催し，問題解決に向けた話し合いが重ねられた．当初は鋭い意見の対立もあったが，徐々にお互いが歩み寄りながらアイディアを出し合う中で，いくつかの具体的な対策案がまとまった．うち，2008年に実行されたものは次のとおりであった．
- ・案内看板へのアマモ場の表示と，アマモ場の存在を示すブイ列の設置
- ・マリンジェットやボードセーリングが出入りする航路での限定的なアマモの抜き取り
- ・子供を対象とした，スノーケリング・ライフセービング・ボードセーリングの3つの教室におけるアマモの役割を教える紙芝居の実施

多くの人々がアマモ場の再生を望み様々なセクターの努力によって再生されたアマモ場において，合意形成の結果，再生を担った主体も参画してアマモの

抜き取りが実施されたのは全国でも初めてだろう．ボードセーリングなどの航路部については，今後も継続的なアマモの抜き取りを行う方向で合意されつつあるが，その費用を誰が負担するかなどの課題が残されている．

　様々な価値観や考え方をもつ多様な人々が利用する海の公園においては，再生されたアマモ場を巡って誰も経験したことがないコンフリクトが顕在化しているが，これは活動のトップランナーゆえの宿命なのだろう．横浜市を中心とした検討会は今後も継続して開催される予定であり，多様なセクターの合意形成の場として機能することが期待される．

§5. 新たな「海づくり」の場として

　2007年度から，水技Cと（社）全国豊かな海づくり推進協会は，水産庁から委託を受けて「漁場整備と栽培漁業を連携させた市民参加による海づくり事業の検討」に取り組んでいる．この事業は，小学生などを対象とした栽培漁業教室や人工種苗の放流体験を実施して海づくり事業の普及啓発を図るとともに，県と市民などとの協働により再生されたアマモ場に放流されたマダイ種苗の市民参加型のモニタリング調査を実施して，漁場整備と栽培漁業を連携させた「海づくり」事業を実施するうえでの問題点などを抽出しようとするものである[14]．

　初年度には，市民参加型の浅海漁場整備であるアマモ場の再生活動に取り組んできた横浜市金沢区臨海部の4つの小学校を対象に，夏休み中に栽培漁業教室を開催した．子供たちは各小学校の学区内から県がチャーターした大型観光バスに乗って水技Cへやって来て，漁場整備と栽培漁業の話を聞き，種苗生産施設などを見学し，漁船に乗ってマダイ種苗の中間育成を行っている海上生簀へ行って給餌体験などを行った．そして9月には，海の公園において栽培漁業教室に参加した児童の家族に一般来園者が加わり，砂浜から再生アマモ場に初めてマダイ種苗2,000尾

図5・7　再生されたアマモ場へのマダイ人工種苗の放流
（2008年9月　横浜市海の公園）

が放流された（図 5・7）．その後 1 ヶ月間にわたり，水技 C と海辺研のダイバーの潜水目視観察によって，金沢湾のアマモ場内で成育するマダイ種苗の様子が調査された．放流種苗には外部標識を装着していなかったが，1970 年代から当該海域で実施されてきた魚類のモニタリング調査ではマダイが全く確認されていないことから[6,15]，目視された延べ数 10 個体のマダイは全て放流種苗と判断された．

翌 2008 年度は，県内唯一の水産高校である神奈川県立海洋科学高校との連携が図られ，様々な場面で同校の生徒が活躍した．新たな試みとしては，栽培漁業教室の参加校にアマモ場再生活動の未経験校が加わり，再生アマモ場へ放流するマダイ種苗を 3,000 尾に増やした．そして，放流の 1 週間後には海の公園で放流マダイの観察イベントを開催し，県立海洋科学高校が所有する ROV を用いてリアルタイムでアマモ場内の映像を陸上のモニターに映写し，大勢の目による観察を行った．

この事業は 2009 年度まで続けられて，漁場整備と栽培漁業との連携，市民参加，再生アマモ場の栽培漁業への活用などを複合的に取り込んだ先駆的な取組みを重ねながら，実施上の問題点などを抽出・整理する予定である．このような事業が実施できる背景として，まず神奈川県は首都圏の交通至便な場所に種苗生産施設を有していることがあげられる．そして，水技 C はアマモ場の再生活動に先立つ 1990 年代から，市民とともに塩性植物群落の再生試験や海藻を利用した海水浄化ワークショップなどに取り組んでおり[16]，10 数年間にわたって市民協働の経験を蓄積して，多様なセクターとの人脈と信頼関係をつくり上げてきた．したがって，神奈川県における実践の数々は，そのままのやり方で他の都道府県が実施できるものではないだろう．市民参加による海づくり事業を全国へと波及させるためには，神奈川方式の普遍化という最後にして最大の課題を解決しなければならない．

文献

1) 水産庁．沿岸漁場整備開発調査（補助調査）概要集，平成 7 ～ 10 年度調査分，(1998 ～ 2000).
2) 東京都水産試験場．平成 2 ～ 7 年度事業報告．(1991 ～ 1996).
3) 木村　尚．「万国橋での藻場造成の挑戦，ハマの海づくり」（海をつくる会編）成山堂書店, 2006；93-100.

4) （独）水産総合研究センター東北区水産研究所（とりまとめ）ほか31研究機関．水産庁委託 生物多様性に配慮したアマモ場造成技術開発調査事業 アマモ類の遺伝的多様性の解析調査 平成18年度報告書（最終報告書），(2007).
5) 工藤孝浩．「アマモ場の再生，ハマの海づくり」（海をつくる会編） 2006 成山堂書店；108-120.
6) 林しん治．「金沢八景－東京湾アマモ場再生会議．ハマの海づくり」（海をつくる会編） 成山堂書店, 2006；150-156.
7) 神奈川県環境農政部水産課・神奈川県水産技術センター・水産庁漁港漁場整備部計画課．かながわのアマモ場再生ガイドブック, 2006.
8) 中瀬浩太，島谷 学，関本恒浩．船舶航跡波影響下のアマモ分布条件．海岸工学論文集 1999；46：1196-1200.
9) 森田健二，竹下 彰．アマモ分布限界水深の予測手法, 土木学会論文集 2003；741：39-48.
10) 水産庁・マリノフォーラム21．アマモ類の自然再生ガイドライン2007：128.
11) 阿部真比古，橋本奈緒子，倉島 彰，前川行幸．三重県松名瀬沿岸におけるアマモ群落の構造と季節変化, 日水誌 2004；70：523-529.
12) 工藤孝浩．人工海浜と自然海浜の生物生産機能の比較．「水産業における水圏環境保全と修復機能」（松田治ほか編） 恒星社厚生閣, 2002；71-85.
13) 工藤孝浩．資源の管理者不在の海浜におけるアサリ採捕の問題．沿岸域 2000；13：53-57.
14) 工藤孝浩．市民とともに豊かな海を取り戻すアマモ場再生．豊かな海 2007；13：24-28.
15) 工藤孝浩．横浜市金沢地区における魚類相モニタリングと市民活動の流域展開, 水産海洋研究 1997；61：202-206.
16) 工藤孝浩．ボトムアップ型の環境回復とその課題, 月刊海洋 2003；35：488-494.

6章　水産業の公益性と市民・行政・漁業者の協働

清野聡子*

「水産業」とは何か？ 従来のような「水域での生物資源を対象とする産業」から，その役割の見直しが必要になっている．特に，国内の水産業が混迷している状況では，既存システムが崩壊すると同時に，次世代を予感させる萌芽的な試みも始まっている．そのような転換期は，水産業の可能性や課題を見直し，理念を改めて考え直すことができる貴重な機会でもある．

§1. 水産業における「公」の理念再考

水産業は，一海洋産業としてだけでなく，公的空間で行われる人間の活動として再考する方向性が始まっている[1]．

水産業が行われる空間の管理に「公」は深く関係する．

海や河川，湖沼の天然水域は「公有水面」であり，海岸や河川は「自然公物」である．そのため産業活動の場は，農業の田畑や林業の山林と異なり，個人所有ではない．よって，公の観点から水域や空間使用や管理のあり方が問われ，他の社会集団との調整を前提にした産業利用となる．

次に，「共有物（コモンズ）」としての自然資源を考えなければならない[1,2,3]．自然資源は誰のものかという帰属性，利用する量や時期についての権利，そして生存のための利用か産業利用かの整理は不可欠である．この問題は，国内的には，水産物の産業利用や広域利用が始まった江戸時代には問題が顕在化してきた．国際的にも，20世紀後半から国内外ともに，自然資源は「みんなのもの（共有物，コモンズ）」との考えが改めて注目された．近年は，その配分の在り方が，投資者による資源開発時代とは異なり，資源の保有者の権利主張が高まっているためである．

---

* 東京大学大学院　総合文化研究科

§2. 日本の沿岸の法制度における「市民」の登場と展開

それでは,「市民」は水産政策では,どこから登場してきたのだろうか?

2001年に水産基本法制定と同時に,旧漁港法が改正され,沿岸整備事業も包含して,漁港漁場整備法となった.漁港漁場は水産政策といっても建設分野の色彩が濃く,国や地方の水産行政でも人事的に独立的で,主に土木技官が着任する分野である.土木分野では,同時代的には環境保全活動とセットとなって「市民参加」が進められていた.その背景をみていく.

日本の戦後の沿岸環境政策(表6·1)は,昭和30年代までは戦後復興,防災,経済発展を中心に形成された.水産,海岸,港湾なども,その影響下にある.一方,河川や森林など自然資源の管理については明治時代の近代化の枠組が,沿岸開発については大正時代の公有水面埋立法などの開発時代の先駆けの法律も継続して機能していた.「環境」「市民参加」が国家政策に登場するのは1990年代になってからである.

表6·1 戦後の主要な沿岸環境に関する政策の歴史

年	西暦	事項
昭和24年	1949	漁業法の制定
25年	1950	港湾法の制定
31年	1956	海岸法の制定
39年	1964	河川法の改正(治水+利水)
40年	1970	水質汚濁防止法,海洋汚染防止法
48年	1973	瀬戸内海環境保全特別措置法
55年	1980	ラムサール会議
平成4年	1992	地球サミット アジェンダ21
5年	1993	環境基本法の制定
5年	1993	生物多様性条約会議
6年	1994	環境基本計画の策定
9年	1997	**河川法の改正**(+環境,住民参加)
9年	1997	環境影響評価法の制定
11年	1999	**海岸法の改正**(+環境,住民参加)
12年	2000	**港湾法の改正**(+環境,地域の参加)
13年	2001	**水産基本法の制定**(+国民の参加)
13年	2001	**漁港漁場整備法**の制定
14年	2002	新・生物多様性国家戦略の策定
14年	2002	自然再生推進法の制定
14年	2002	有明海及び八代海を再生するための特別措置に関する法律の制定
19年	2007	**海洋基本法の制定**
19年	2007	第三次生物多様性国家戦略の策定
20年	2008	海洋基本計画の制定

1997年に河川法，1999年に海岸法が相次いで，環境保全と市民や地域の参加の方向性で改正された．河川法の改正は，従来の水質を中心とした河川環境政策の発展に加え，1993年のリオ・デ・ジャネイロの地球サミットにおいて，地球環境保全に協力的な国家は，国内政策を見直し，NGOや市民の参加を進めるという国際的な合意が後押しする形となった．

特に，「海岸法」は，海に関する法制度ではこのような改正の先導的な位置を担っていた．海岸四省庁（当時は，農林水産省漁港部・同構造改善局，建設省河川局，運輸省港湾局）の所管であり，いずれも事実上，土木系分野である．

これらの改正の対象の河川も海岸も「自然公物」であり，そこには利害関係者のみではなく，公的な文脈においての民も参加するという考え方になる．海岸管理では，国有地である海岸を，地方自治体に管理を任せている仕組みになるので，用語の使われ方としては，「国民，消費者」ではなく，「市民，住民」の言葉が文脈に沿う．

また，2000年には港湾法が，ほぼ同様の方向で改正された．つまり，水産基本法の制定の準備期間には，上記のような「環境＋市民参加」の社会的な動向が存在していた．沿岸の地先の漁場である海岸や，港湾区域の都市部の沿岸では，海岸で活動してきた市民運動，自然保護や環境保全の団体，個人らにより，これらの土木系の法制度の文脈のもと，市民参加が進んでいった．

2001年には，水産基本法が制定され，それまで沿岸漁業，漁港建設や養殖など別々の法制度になっていた内容が，全体的な視点から改めて整理が行われた．しかし，水産基本法では，「市民」の用語は使われず，国の行政の対象としての「国民」であり（第一，二，三，四，二十三，三十一，三十二条），「消費者」としての役割が期待されている（第八条　消費者は，水産に関する理解を深め，水産物に関する消費生活の向上に積極的な役割を果たすものとする）．

2005年には国土計画法が廃止・改正されて国土形成計画法が成立し，従来のような開発を目標するのではなく，地域の持続的発展を考える方向性に変わった．漁村を含む沿岸域の社会は過疎化が進行しており，防災・国防上の問題が増大している[4]．一方，気候変動によって食糧の安全保障が問題となっている時流から，沿岸域での食糧生産の機能も再度注目されるようになった．そのため，沿岸を埋め立て，工業誘致をする従来の方法論を見直し，沿岸環境の保全と再生

により，地域の存続を考える総合政策が必要となってきたのである．

　かねてから海洋政策の総合化の必要性が言われていたが，2007年に海洋基本法が制定される大きな進展があった．海洋関係は分野や所管を越えての調整のための理念の整理や根拠法がなかったが，基本法により統合的な視点の必要性が明確化された．水産や環境の個別分野にも基本法があるため，それらとの整合性も必要になるが，海洋基本法は理念法なので，おおむね目指している方向は同じであるとして，水産を含む個別の分野が新しい枠組のなかで，他の海洋分野との調整において行政を進める意識は形成されてきた．

　2008年，海洋基本計画が策定・公表された．市民参加や協働に関しては，「9. 沿岸域の総合的管理」に，「干潟、サンゴ礁等については（中略）漁業者や地域住民等による維持管理等の取組を支援する」と記述された．海洋政策で，漁業者と地域住民が併記された行政計画が登場したことになる．

　本書の他章での事例は，水産政策上は沿岸漁場整備への市民参加という観点と思われるが，このような社会的背景のもとで実施されてきた．しかし，法律上は「市民」の概念が十分浸透していない中でも，パイロット的に行われてきた点は注意すべきである．今後，事例の蓄積の上で，水産の法制度に反映されるような概念の整理が必要と思われる．

§3.「海は誰のものか？」

　海への市民の参加や協働は，「漁業」とは何かを映し出す鏡である．漁村以外の人達に漁業の在り方が理解され，社会での新しい漁業者のあり方がつくられていく．漁業や漁業権をはじめとする既存の制度への批判に対し，真正面から取り上げてはいないが，まさに次の政策の模索中であるともいえる．

　国内的には，この問題は，漁場の開発の歴史的経緯と深い関係がある．特に都市に隣接した内湾漁場では沿岸埋め立てにより漁場が失われ，漁業権放棄や漁業者の地域からの転出や他産業への転業が起きた．水域が物理的に失われただけでなく，そこでの人の経済的な営みが消えた．それに対しては，「漁業補償」がなされた．

　漁業補償の制度は，失われた内容を本当に補償しているかとの根本的な問題はあるが，ともかくも，漁業者は補償の対象となってきた．

一方，沿岸埋め立てでは，市民はそこで生活をしていないとの理由で，金銭補償は受けていない．海岸線への工場立地により，一般市民が海辺にアクセスできなくなった．それまでは当然のように存在していた海岸が，住民が意志表明をする機会もなく，事前の情報提供もなく，永続的に失われてしまった．それに対する問題意識が市民運動となっていった．その中で，1970 年代には，すでに「入浜権」や「環境権」に相当する，一般市民の海とのかかわりの法制度的な裏付けが必要という問題意識で社会的に議論がなされていた．しかし，1970 年代は，環境問題といえば公害対策であり，水質汚染などの環境要素の対策の達成が急務であった．その後に上述のような海岸への市民参加や意思表明の裏付けの制度ができるまで，約 20 年の歳月を要した．

　そして 2000 年代に入ると，日本の戦後復興や高度成長期に作られた法制度の限界が各分野で明らかになってきた．水産分野においても，2007 年には民間機関の日本経済調査会による高木委員会（通称）により，2008 年には内閣府規制改革会議により漁業制度の見直しが提言された．漁業権や漁業補償の見直しを迫る議論は，沿岸開発が盛んだった 1970 年代以降は散発的であったが，近年は社会的な議論として表面化してきた．さらに現時点では，漁業者人口が約 20 万人，その半数が高齢者という状況下であるため，従来の延長上にそのままあることは困難と思われる．

　1990 年代以降，漁業権や漁業補償をめぐる本が出版され[5,6]，近年は学術の場でも議論されるようになってきた[7-10]．

　漁業者を「海の守人」もしくは，水域のエキスパートとして捉えるということもなされてきた[5]．例えば環境アセスメントの意見照会や情報提供，調査員としての位置づけである[11]．水産業の多面的機能の発揮のなかで，その具体化が進められるならば，社会のなかでの漁業者が再度位置づけなおされる可能性は大きい．

§4. 大分県中津市——干潟漁場への市民参加

　漁場としての干潟に市民が参加し，漁業としても新たな展開があった事例を示す．

4・1　中津干潟の開発と保全

中津干潟は，瀬戸内海西部に残存している国内最大級の干潟である．大分県国東半島から福岡県行橋市近傍へと連続する広大な豊前海の干潟の一部をなし，岸沖方向の長さが約3km，広さは1,347haを有している．港湾開発が1960年代から行われたが，自動車産業の振興のため干潟を埋め立て，航路掘削して港湾が拡張された．干潟は，港湾区域内に入っているため，行政的には港湾を拡張する場合には漁業補償をして埋め立てるという位置づけであった．

　しかしこの干潟は，漁業的にも重要な場所であり，一級河川の山国川が流入する環境条件に恵まれ，アサリ，ガザミ，ハマグリ，クルマエビ，バカガイの貝類漁場として有名である．

　1999年，中津港の港湾拡張に伴い，干潟の埋め立てと，カブトガニ，アオギスなど希少生物の生息地保全の問題が発生した[12]．地域，県内，全国の自然保護団体が，開発反対を唱えた．中津市や大分県にとっては，地域的な開発が全国的な関心時になることへの違和感があった．しかし，1970年代にも，沿岸の福岡県豊前市の火力発電所建設反対運動が起き，景勝地ではない地域の小さな海岸の価値をめぐって，環境権の主張に相当する運動が松下竜一氏を中心に行われた．全国で大規模開発が進む中，その著書『明神の小さな海岸から』[13]を通じて，同様の思いをもつ人たちの支援が集まった．地域外の視点による価値発見については，中津の地域にとってはある程度は想像の範囲ではあったようである．

　1990年代にバブル経済の崩壊後には，地域の持続的発展を考える経済人，政治家，行政も地域内外に増えてきていた．漁場として経済的にも機能しており，今後も永続的に利用価値のある干潟を埋め立てて，工業誘致を行うことだけが地域の発展なのかという疑念は，当面の開発計画は容認するものの，それ以上の膨張主義的な過度の開発を抑制し，立ち止まって考えなおす機会が必要ではないかという雰囲気を生むこととなった．

4・2　市民参加の懇談会

　このような背景のもと，大分県港湾課は，2000年，中津干潟の今後について中津市の地域を主体とし，民間人の共同座長による「中津の海と人を考える会」を中津市とともに設置し，「中津港大新田地区環境整備懇談会」を発足させた[12]．市，県，自治会会長，市議会議員，自然観察・環境教育の地域の団体，漁協，

6章　水産業の公益性と市民・行政・漁業者の協働　93

指導漁業士，国行政技術研究所の技術者，大学研究者，国地方整備局担当官，公募委員による公開の会議である．

　この懇談会は，当初は，中津港に隣接する大新田地区前面の空間のゾーニングの提言作成や，海岸事業を中心的なテーマにしてきた．市民参加による従来型の海岸事業からの大きな変更点は，自然の砂浜と背後の塩湿地を保全した「セットバック（引堤）」工法の実現であった．行政だけの意思決定では，自然海岸を残すのが環境や景観上よいとわかっても，海岸護岸の位置は，海辺ぎりぎりに建設し，「官民境界」という国有地である海岸保全区域と，民有地の境界に設定するのが常識である．ところが，懇談会の議論では，行政の常識はともかくも，所有者としては機能的には背後の田畑の防災が実現すればよく，河口湿地のような利用しづらいところは公有地としてもよいとのことであった．

　この河口は，地域にとっては当たり前の風景であっても，小さな空間に多くの希少生物が生息する場所であった．懇談会メンバーや行政の理解をすすめるために，県土木事務所から提供された詳細地図をもとに，市民団体が生物分布と環境条件の対応を示す環境情報図を作成した[14]．

　一方，河口域の砂丘と湿地の「自然地形」が高波の減衰を行う機能をもつことが，現地調査とシミュレーションにより示された[15]．現地形を海岸保全施設とみなし，海水面が上昇して越流被害になる可能性の大きい高潮に対しては，土堤を湿地と林の間に設置して，防災を行うこととした（図6·1）．これは，セットバック（引堤）工法で，従来の海岸計画論では制度上不可能として最初から除外されていた案である．しかしセットバックは，

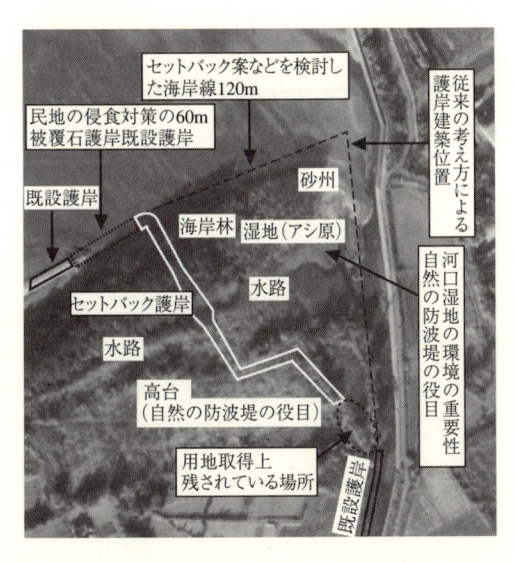

図6·1　海岸護岸の引堤（セットバック）による河口域の保全

防災上も,水際ぎりぎりまで土地利用を行わないという予防的な合理性はある[4].

2009年時点も懇談会の頻度は減ったが継続され,開催,予算確保,調整は,県,市,地域NPO,利害関係者の継続的な努力により支えられている.また,協議会の提言は法的決定ではないが,主要な関係者が公開で議論をしているため,反対意見は未然にわかり協議や検討ができる.その結果,行政や議会の決定を経ても,提言とほぼ同じ内容が実現にいたっている.

この沿岸域の懇談会の効果は,社会セクターを越え,かつ行政,議員,利害関係者を含んだ協議の場ができたことで,情報共有が進むようになった点である.また,市民の沿岸域への参加は,きっかけがないと進みにくい.直接顔を合わせて,公開の場で意見交換すれば,疑心暗鬼が払拭されてくる.すなわち,メディアや噂を通じた情報だけでは,"環境関係者は漁業と敵対的であり,漁業者の意思決定は補償額が決めている"などの誤解や先入観が横行し,理性的な対話や合理的な判断が困難になってしまう.特に,漁業の現場の情報は地域社会内にも出ていくことが少ないことも原因の一つである.

4・3 市民参加の展開が漁業者との協働へ

市民参加は,研究者との共同研究にも発展していった.2000年からの懇談会の運営のほか,干潟の生物相のインベントリーの作成,上述の大新田海岸の舞手川河口域の生物調査など,研究者との共同研究も行うなかで,中津干潟の研究チームがつくられ,多セクターによる漁場環境の調査が行われている.漁業者,地域住民,行政,研究者のそれぞれの情報や知見を併せることで,干潟の全体像が見えてくる.埋め立ての抑止以外にも,干潟環境保全や漁業の存続には,他にも多くの課題がある.最初は地先の海岸から始まったが,大きな港湾開発以外にも,調査をもとにした干潟の管理が必要な現象が生じていることがわかってきた.

懇談会の専門家は,一種のホームドクターのような役割を担うことになり,調査を行い,海岸管理者との議論を行って処方を出す.その結果は,日々,地域住民や漁業者によってモニターされ,早々にフィードバックされる仕組みができた.

懇談会を契機にした対話の進展で,会議以外でも交流が進み,漁業の情報も,地域住民がインタープリター(翻訳者)となって地域内外に広まっていく.当

初は，行政と漁業者で片付いてきた干潟の問題に，他の人たちが口出しして事態を混乱させる，漁場の干潟に潮干狩り以外にも漁業者以外が立ち入るのは心配という考え方が支配的だったが，相互理解が進むにつれ，漁業者側は漁業者以外の地域住民が漁村や干潟にいることも意味があると思いはじめ，市民側も工業誘致の一方で，地域の漁業が衰退していく実情を知ることになった．

次の段階として，漁労への市民の参加があった．海苔養殖をNPOメンバーが手伝ったり，海苔ができるまでや過酷な冬の作業や収穫の喜びをニューズレターで発信したり，漁村の生活の一端の翻訳者としての機能を果たすようになった．

市内の小学校での干潟教室がNPOの支援のもと頻繁に開催されるようになり，その信用をもとに，漁業者を講師とし漁船に乗船する「タコつぼ漁業体験」も実施されている．

4·4　干潟の伝統漁法の復元や里海への展開

2005年に全国漁業協同組合連合会による「干潟の物質循環」の検討会が開催され，その中で，地域住民の参加や漁業者との協働の調査の重要性も議論された．同時期に，水産行政としても藻場・干潟の保全の政策を重点化するようになった．特に干潟は沿岸漁場として重要であるにもかかわらず，港湾区域に入っている個所が多く，国や地方の意思決定や行政機関の協議のなかでは，水産行政の意思が通りにくい，もしくは見えにくい状態にあった．その点では，静かな，しかし大きな転換であったと考えられる．

干潟漁場への住民の参加が，伝統漁法への復元につながった．中津の漁業者は，干潟の小型定置の「笹ひび」の面白さについてしきりに昔話をしていた．そして地域住民も，昔の干潟は今よりもっと多くの生物が生息しており，潮の干満だけで魚が獲れていた話をしていた．また，研究者は，1960年代の空中写真に不思議な漁具が写っており，実態を知りたがっていた．いつかは，「笹ひび」を復活させて，漁業者以外の人にも知らせていきたいとの夢語りが漁業者からも聞かれるようになった．

「笹ひび」の再設置（図6·2）が，2007年，水産庁の干潟の環境活動への支援を受けて始まった．漁業の産業面からは，伝統漁法は現在の水産資源の量では経済的には成り立たないため，その再開は困難だったが，地域文化としての復活がなされた．干潟の自然の仕組みを活用した漁法をきっかけに，背後の里山

里地の竹林とのつながりができた．伝統漁法の意味は，地域にとって漁業が単なる一部の人の経済活動ではなく，地域の自然と人の関係を代表する営みであるとの認識が広まった．

4・5 多セクター協働の意味

多セクター協働は，漁業，生態系，地域社会にとっても有意義である．特に，干潟の

図6・2 干潟の伝統漁法「笹ひび」の復活（NPO 水辺に遊ぶ会提供）

土砂管理に関しては，沿岸や河口の砂州の掘削，出水時の堰の開放による土砂流入と堆積など，港湾・河川管理者と漁業者だけで解決しようとしてきた問題も多い．漁業被害に対しては補償で対応する社会習慣ができて漁場環境の改善に至らず，自然保護運動にはマクロな土砂や水循環の管理への具体的視点や提案力が乏しかった．行政は沿岸域の具体的な情報をもたず，港湾開発や治水以外の環境や漁業に対しての処方をもち得なかった．

なお，この漁業者と市民の協働のケースは，中津の漁業者およびNPO水辺に遊ぶ会の属人性や，中津や大分県の地域性，地域の経済状況や法改正の時代状況に基づくものである．一般的な市民の参加というより，生物，海，地域社会への意識が高い地域住民たちの参加であった．社会セクターを超えた交流の場合には慎重さや継続性も重要な条件である．

協働や参加は，海岸法や港湾法の改正があっても，方向性が決まっているだけである．自然観察・環境教育関係の市民が正式な立場に位置づけられる社会的方法論は模索中であり，事例が集積されて制度ができていく順序にある．現在は，「新たな公」が提言されているが，主に陸域対象である．

しかし，上述のように，海岸や海面は公の管理がなされているはずでも，現在の協働のスタイルでは，時間や労力や資金がボランティアに依存しているのが実情である．「協働」は，新たな社会的枠組をつくるための過渡的な試行錯誤で終わらぬためにも，社会的な位置づけの明確化も必要である．

海洋基本法や海洋基本計画で位置づけられた「沿岸域の総合的管理」も誰がどのように行うのかも未だ不明である．上述の中津干潟の事例は，10年間にわたり各行政の環境や市民参加の政策・施策が順次設置された背景もあって，「地域」の側が総合行政的なコーディネートしている部分もある．

公有水面や自然公物の管理者である行政機関が正式な業務として，セクター間の諸総合調整や合意形成，国家政策としての沿岸環境保全の具体的な行政手法を提示し実行すべきでもある．また，利害関係者の役割の拡大も必要であろう．

§5. 青森県下北郡大畑町の事例――地域知から生まれた自然共生工法

漁村では，漁業や漁村が身近にあり，海のことは漁業者に聞け，が当然とされている．そのような社会風土のなかで，青森県下北郡大畑町（市町村合併後むつ市）では，「地域知」を活かし，伝統工法である築磯からヒントを得て，防護・環境・利用の総合化の可能性を示した海岸保全の新たな展開が生まれた．

5・1 海岸法改正と地域との対話

1998年，海岸法改正直前の時期には，地域住民の意見を聞いて内容決定する方向性が出され，青森県の海岸管理者は，今後の事業は新海岸法のもとで行おうと先行的に「心と体を癒す木野部海岸事業懇話会」を設置した[16]．漁村住民，地域住民の町づくりの団体（のちにNPO），海岸管理者の青森県土木部河川課，地域行政の大畑町，土木学と生物学の専門家をメンバーとし，民間海岸技術者が事務局機能を分担した．明治時代には，マグロの大謀網もあり，磯も豊かで活気にあふれていた海岸が，構造物に埋もれて裏さびしい海岸となっていた．

海岸環境整備では，新たな整備よりも，今までの整備によりもたらされた懸案を解決してほしいとの要望が出された．ウニ，アワビ，コンブなどの好漁場，高齢の地域住民でも貝類・海藻類を採集して生計がたつ地先の海岸について，地元の公民館や教育施設で20回以上の懇談会や話し合いが行われた（図6・3）．「親水性の確保」のため建設された緩傾斜護岸（図6・4）は，地域にとっては「無意味なスロープ」「浜を行き交う時に邪魔」であり，「撤去して自然の砂浜に戻してほしい」とのことであった．これは，懇話会の総意として，漁村の地先の海岸にとっての「正解」であっても，行政的には「不可能」な提案であった．その理由は，技術的理由，資金難や地元の合意形成状況ではなく，財務上の問題であった．

公共事業は国税を投入して行われるが，国庫補助事業の場合には地方自治体の税と併せて事業がなされる．これらは「税金の適正化使用に関する法律」に基づいて執行されている．一度建設した構造物の撤去は基本的に想定しておらず，行うとしても約30年の耐用年数を経て減価償却し，さらに不要な理由が明確でないと実行できない．その手続きは非常に困難であり，1つ間違えば違法になってしまう．認められたとしても，その構造物が機能を発揮している限りは，既に投入した国費分を国庫に新たに返納しなくてはならな

図6·3　木野部集落での公民館での懇談会（NPO サスティナブル・コミュニティ総合研究所（SCR）　提供）

図6·4　木野部海岸の緩傾斜護岸（SCR　提供）

い．したがって，一度造った構造物の撤去は行政的なタブーとなっている．逆にいえば，公共事業で建設された不具合な構造物は膨大にあり，1つ認めると前例ができ，同様の要望が噴き出すことが予想されるともいえる．

このような行政的な困難はあったが，結果的には，地域住民に評価されず，機能上も問題になっていた緩傾斜護岸は解体され（図6·5），新たな水中の構造物へと改修された．護岸の材料のコンクリートブロックを海底に敷き並べ，そ

の上に，周辺の河川や道路の工事で発生した巨石を敷設した[17].

5・2 海岸再生と地域知の価値認識

この「幅広低天端消波堤」は，沿岸漁業者とNPOとの対話により提案された「築磯」がアイデアの源泉である．

技術的には，沿岸集落の防災のため波浪の減衰が行える機能があればよく，さらに，磯の生態系ができれば漁場としての価値も高くなり，複合的な効果が認められる構造物である．さらに，過度に消波効果があると構造物の背後に砂が堆積して，沿岸全体でみた砂のバランスが悪くなるが，この築磯はそれがなかった（図6・6）．巨石の間は通水しており，良好な漁場となり，特に，地域の高齢の女性の貝類や海藻の採集に喜ばれた．海岸の再生は地域活性化にもつながった．

図6・5　緩傾斜護岸の改修（撤去と再構築）（SCR　提供）

図6・6　海岸再生後の光景

しかも，この構造物は建造後しばらくして変化した．これは一般的には，護

岸材料の「沈下や変形」として，人工構造物の世界では否定的に受け止められる現象である．しかし，沿岸住民の受け止め方は異なり，「波により成形され，安定化する構造物だからこそ，多くの生物が生息し，地先漁場にもなる」と肯定的であった．

この木野部海岸事業は，地域にとっての正解と，国の基準のずれが明らかになり，海岸構造物の考え方や技術基準の見直しを迫ることとなった．学会，市民活動，技術行政的にはこの事業は前向きに受け止められたが，税金が投入された構造物の"改修"は，県が責任をもてる県単独費用からの支出となった．これは，国の基準に合致していれば国庫補助をとりにいく地方行政の常識からははずれており，内容が該当する国庫補助事業がないか，地域の事情優先の場合に生じる現象である．「一度造ったものもおかしかったらお金をかけてでも直して，よりよい状態にしたほうが長期的によい」という民間の考えが，行政組織に広がる一種の強迫観念に障っている可能性も高く，地域や市民の参加の時代には，行政的常識の見直しもまた必要という事例となった．

5・3 住民によるモニタリング

再生された木野部海岸は，漁村住民に磯として熱心に活用され，観察されている．沿岸漁業者が「磯周り」する際に，水温を計測し，地形や生物の変化をノートしている．NPOの女性メンバーを中心に，築磯の周辺の砂浜幅を毎月計測している（図6·7）．

そして地域住民によるモニタリングは，県行政による制度整備がその継続性に貢献している．2001年に「青森県森川海の保全および創造に関する条例」

図6·7　大畑町木野部海岸での市民調査

がつくられる際，NPOから住民による地域調査活動が位置づけられるような「環境守人」の制度がパブリックコメントを通じて提案された．条例として実施されるにあたり，「環境守人」は，具体的には，地域の自然を熟知し，地域社会で信頼される人物で，関心をもって継続的に調査を行い，県に報告をすることが決まった．また，大畑の大畑川流域と沿岸が「保全地域」第一号に選定され，環境守人にNPOメンバーが選ばれ，調査や提言を行っている．

5・4 地域知の景観工学的評価

一方，この木野部海岸事業は，行政内部では評価が分かれるらしく，海岸事業のあり方を大きく見直す動きにはすぐにはならなかった．大畑町の市町村合併の問題もあって，改修後の検討や発信もNPOサステイナブル・コミュニティ総合研究所の主要メンバーにはできなかった．しかし，海岸工学，漁業，景観などの専門家や市民活動の人たちが見学に訪れ，メディアもふくめ，公共事業や地域のあり方についてさまざまな議論がなされた．

この木野部海岸事業は，2007年には，土木学会景観デザイン委員会による土木学会デザイン賞2006最優秀賞，経済産業省グッドデザイン賞金賞を受賞した[*2]．これらの対外的な評価はともかくも，過疎化が進む津軽海峡に面した漁村にあって，夏には訪問者の磯遊びの歓声が聞こえるようになり，それ以外の時期にはささやかながら漁村の経済を支える海岸となった．この展開は，防護優先，地域の意見はほとんど聞かなかった海岸の公共工事が，法改正をきっかけに社会に開かれ，行政，住民，漁業者，専門家の協働が実現した結果である．

§6. 海岸漂着ゴミと島嶼の地域社会 ―「地域知」の沿岸域管理への展開

海岸事業以外でも，多セクター協働の沿岸域管理への可能性を示唆する事例をあげる．

6・1 沿岸地域が直面する漂着ゴミ問題

漂流・漂着ゴミの激化（図6・8）は，各地で沿岸環境問題として問題になっている[18]．漁業は，人工物の漁獲物への混入や海岸漁場の被覆により直接的な被害を受けている．一方，これらのゴミには，廃棄・流出したフロートや網など国内外の漁具も多く，漁業は加害者でもある．さらに，加害者と被害者が国，自治体，集落の境界を越えて存在する．その対策は「越境的環境問題」であるため困

難を極めている．対策費用は，確証があれば原因者負担で支払を要請できるが，漂流・漂着ゴミの越境性と，さらに確証の科学性が課題となっている．

海岸漂着ゴミは，沿岸諸国の経済発展が著しい東シナ海と日本海沿岸の離島では特に深刻である．漂着物の処理が法律的には地元市町村にゆだねられており，都道府県や国の補助金で支援はできても，基本的には市町村の費用や労力の負担に依存せざるをえないためである．漂流・漂着ゴミの科学研究や技術開発は，税金とボランティアによる処理が，少しでも合理的，効率的に行えるためにも必要である．

図6・8 五島列島奈留島大串ノコビ崎海岸の漂着ゴミの堆積

長崎県五島市福江島を定点として，東シナ海沿岸の全国的NGO，地域ベースの団体（CBO），地域行政と研究者の協働や研究が進んでいる．ここでは，住民の「地域知」とその実証の事例を述べる[19]．

五島列島は地理的，沿岸海洋，気象的に，対馬暖流と冬の季節風の影響を受けやすい場所に位置している．調査の着手にあたり，島内の海岸での状況を，地域行政，住民へのヒアリングで情報収集を行った．

島嶼地域は，漁業や連絡船の航行，観光などで，一般住民でも，基本的な海洋気象学的な情報は持ち合わせている．その知見に合わせて，海岸清掃の場所や季節はある程度の合理化がおこなわれているはずである．調査の結果，漂着ゴミが多いのは，例年，冬季は西部から北部にかけての海岸，夏季は南部の海岸であることがわかった．海外由来のゴミが目立つが，冬は韓国から，夏は中国から多い印象であるという．また，2006年には，中国沿岸部からと思われる大量の流木が漂着し，定置網への被害，船舶航行の障害などが相次いだという．

また，歴史的には，遣唐使の港で，福江島は大陸との接点の港であり，海外から人や物が来るのは当たり前で戦後にも，西海岸にはベトナムや中国からの難民が漂着したという．

これらの経験知，地域知は，地域環境の研究上，調査内容を絞り込むための「仮説形成」に役立つ．漁村住民がマークしている海岸は，地形や生物の条件で利用が進んでいるため知見が多いだけでなく，なんらかの沿岸海洋的，気象学的な意味があると思われるからである．

そこで，福江島内のそれぞれ面する方角が異なる海岸で，漂着ペットボトルを約100本ずつ採集，分析したところ，2009年冬季の調査で図6·9のような結果が得られた．住民の証言通り，国外由来のボトルについては，南部には中国・台湾・香港，西から北部には韓国系が相対的に多かった．福江島の海岸漂着ゴミ調査では，北部の八朔鼻海岸で隔月の詳細な定点調査を行っているが，それ以外に，年間2回の島内の海岸でのペットボトルのみのモニタリングを行い，海岸が面する方角の影響も検出しつつある．この島内広域調査は，研究者が定点調査で訪れる以外の時にも，住民が自発的に実施するようになり，インターネットを通じての報告や議論が行われている．これらの研究では，地域知の提供，調査，対策の考案まで，全プロセスに，住民との協働を必要としている研究の枠組である．

6·2 越境的海洋環境問題と地域社会

東シナ海や日本海の沿岸島嶼部では，今後，ますます海岸漂着ゴミの激化が

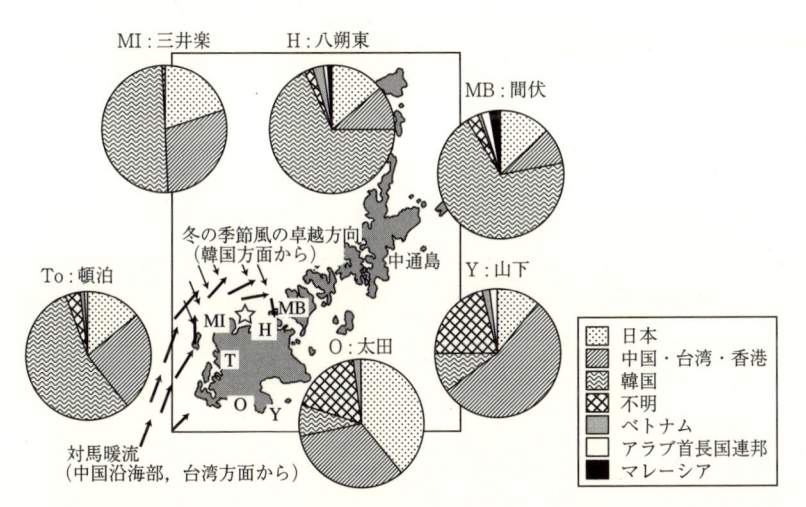

図6·9 五島列島福江島住民の海流と季節風と海岸漂着物に関する「地域知」と漂着ペットボトルの製造国の対応（2009年冬季）

予想されている．その場合，地域の行政も住民も，あと数十年はこの問題と対決せざるをえない状況に置かれることになる．そうした地域社会を少しでも激励し，特に，これらの島嶼部の地域社会の苦慮している状況とともに，本来，海流や季節風での恵みも享受していた地域であり，その結晶が「地域知」であるとの主張をもとに，国際的な対策を発信していく必要がある．政策や科学研究が地域社会に何ができるかは，熟慮すべきである．

「福江島漂着ペットボトル製造国調査」のように，調査の設計の段階から，住民の知見を加えて行うと，調査参加者も自分の意見の実証の過程にも参加することになる．前出の大分県中津干潟や青森県大畑木野部海岸でも「市民計画型調査」は住民による継続性や自発性へと発展していった．また，「住民の地域知をもとにした仮説形成，研究者による検証」の仕組みは，単なる協働を超えた，地域との本格的な共同研究であり，研究者の側も地域の細かい状況に即した新たな知見が得られる．また住民も，自分たちの知識や知恵が，科学研究の一部を形成している点に気づくと，自信や責任感，探究心の向上にもつながっていく．

§7. 水産学研究の一分野としての未来

沿岸域統合的管理，多セクター協同の分野は，漁場の自然条件に加えて，政策，地域社会，歴史・文化に広がる分野である．自然科学と人文科学の学際領域であるだけでなく，現実に激しく動く問題に，学問がどのような立場と価値観で臨むのかも問われる分野である．

現実問題の研究では，意志決定を左右する要因を描出する必要がある．

人間を対象としたフィールドワークの分野では，相手の信頼を得てはじめて意味のある情報がもたらされると考える．表層的な情報は公表された既存資料の収集でも可能だが，意思決定や判断に係る内容は，当事者が言語化や分析を行わない場合がほとんどであり，情報提供者との関係性や，社会情勢によって，得られる知見は変わり，結論が異なる場合もある．同じ事象であっても，状況に依存して評価は変わり，主観性も排除できない．

対象者の社会に入り，背景も含めて調べ，記述していくエスノグラフィー的アプローチがまず必要であろう．一般化以前に，事例研究の蓄積が必要であるが，中途半端に数値化された結果よりも，現在は，記載的な研究が必要である．

一方，科学的分析としては定量データが一般的には要求される．自然環境，対象種や漁獲量，人口，経済などの定量データは取得可能である．人間対象の場合には，意識調査のアンケート手法があるが，傾向をみるには有効だが，決定的要因の描出には不十分な点も多い．

　今後，「公益性」「市民をはじめとする多セクター協働」によって，水産業とは何かが浮き彫りになるであろう[20]．水産業そのものの研究だけでなく，それ以外の産業やセクターとの比較により，漁業や漁村の特性が明確になる．

　このように，この分野はまだ始まったばかりである．しかし，水産学研究のなかで水産学者が既に経験したことで，従来は自然科学に相当しないとして研究発表してこなかった事例は多くあるはずである．それらに対し，別の観点らも分析が進めば，それまでの自然科学的成果と併せて，水産業の新たな全体像を示せる可能性を秘めている．

謝　辞

　本稿の内容は，現地踏査，計画，資料収集，議論に多くの方々にお世話になった．大分県中津干潟では大分県，中津市，NPO水辺に遊ぶ会，懇談会メンバーの方々．青森県大畑町木野部海岸では青森県，大畑町，NPOサステイナブル・コミュニティ総合研究所の方々．技術面では国研究所や民間の調査・計画，建設系技術者の方々．公益性については，国各省，地方自治体の行政関係の方々．長崎県五島では，五島市役所，JEAN／クリーンアップ事務局，共同研究者，地域住民の方々．また，河川整備基金，環境省地球環境研究総合推進費D071の研究支援を受けた．ここに記して感謝申し上げる．

文　献

1) 会田勝美編．「水圏生物科学入門」恒星社厚生閣．2009．
2) 秋道智弥．「資源とコモンズ」弘文堂．2007．
3) 井上真編著．「コモンズ論の挑戦―新たな資源管理を求めて」新曜社．2008．
4) 清野聡子．沿岸域の国土形成計画―変動する土地の尊重と活用にむけて―，日本不動産学会誌2008；22（1）：52-60．
5) 浜本幸生監修・著．「海の『守り人』論 徹底検証・漁業権と地先権」れんが書房新社．1996．
6) 田中克哲．「最新・漁業権読本―漁業権の正確な理解と運用のために」れんが書房新社．2002．
7) 岡本純一郎．漁業権制度をめぐる確執，日

8) 清野聡子. 水域の公益性から考える生態系サービスの保全と活用—漁業者と市民の共通目標となりえるか？, 日本水産学会誌 2009；75（1）： 105-108.

9) 清野聡子.「公益・環境・市民・法制度」で再構築する水産学の未来, 日本水産学会誌 2009；74（6）：1117-1118.

10) 清野聡子.「海のための水」から考える日本の水資源, 科学 2009; 79（3）：318-324.

11) 清野聡子. 干潟の物理環境調査法の見直しと合意形成, 環境アセスメント学会誌 2009；7（1）：62-67.

12) 清野聡子. 地方における環境に配慮した海岸づくり. 土木学会誌 2001；86（7）：32-35.

13) 松下竜一.「明神の小さな海岸から」社会思想社, 1985.

14) 清野聡子, 足利由紀子, 山下博由, 土屋康文, 花輪伸一. 大分県中津干潟における市民計画型干潟生物調査と海岸環境保全策の提案, 海岸工学論文集 2002；49：1136-1140.

15) 清野聡子, 足利由起子, 佐保哲康, 安田英一, 平野芳弘, 宇多高明, 池田 薫. 海岸・河口の自然地形と生態系の海岸保全施設としての評価 - 中津干潟大新田海岸における懇談会の議論と技術検討 -, 海岸工学論文集 2003；50：1341-1345.

16) 清野聡子, 宇多高明, 花田一之, 五味久昭, 石川仁憲, 太田慶正. 住民合意に基づいた海岸事業の進め方に関する研究 - 青森県大畑町木野部海岸の事例 -, 環境システム研究論文集 2000; 28： 183-194.

17) 角本孝夫, 太田慶生, 澤藤一雄, 坂井 隆, 駒井秀雄, 清野聡子. 合意形成型海岸事業と環境復元の課題－青森県大畑町木野部海岸を例として－, 海洋開発論文集 2002; 18：19-24.

18) 小島 あずさ, 眞 淳平.「海ゴミ - 拡大する地球環境汚染」中央公論社. 2007.

19) SEINO S., KOJIMA A., HINATA H, MAGOME S. ISOBE A. Multi-Sectoral Research on East China Sea Beach Litter Based on Oceanographic Methodology and Local Knowledge. *Journal of Coastal Research* 2009; Si 56（Proceedings Of The 10th International Coastal Symposium）; 1289 – 1292.

---

*1 各法令については, 電子政府 http://www.e-gov.go.jp/
*2 角本孝夫, 清野聡子, 七島純一, ＮＰＯサステイナブルコミュニティ総合研究所, 青森県下北地域県民局地域整備部. 木野部海岸 心と体を癒す海辺の空間整備事業, 2006年度土木学会デザイン賞最優優秀賞, 土木学会景観・デザイン委員会 2007（作品）.

III. 順応的管理の実践と課題

7章　順応的にすすめる岩礁性生態系の修復と管理

綿貫　啓[*1]・桑原久実[*2]

　藻場には多種多様な生物が生息し，沿岸漁業にとって重要な場であるが，沿岸域開発や埋め立てによって，浅場が消失し，全国的に藻場が衰退した．残された浅場でも，長期間にわたって藻場が回復しない「磯焼け」現象が発生すると漁獲量が減少し，社会問題となる．従来から，磯焼け対策は試みられているが，藻場が衰退した要因が明確でない状態で，新たな基盤の設置や海藻の移植が行われることもあった．磯焼け対策は，磯焼けが継続する要因を把握し，その要因を排除・緩和することが重要である．そこで，2004～2006年，水産庁によっ

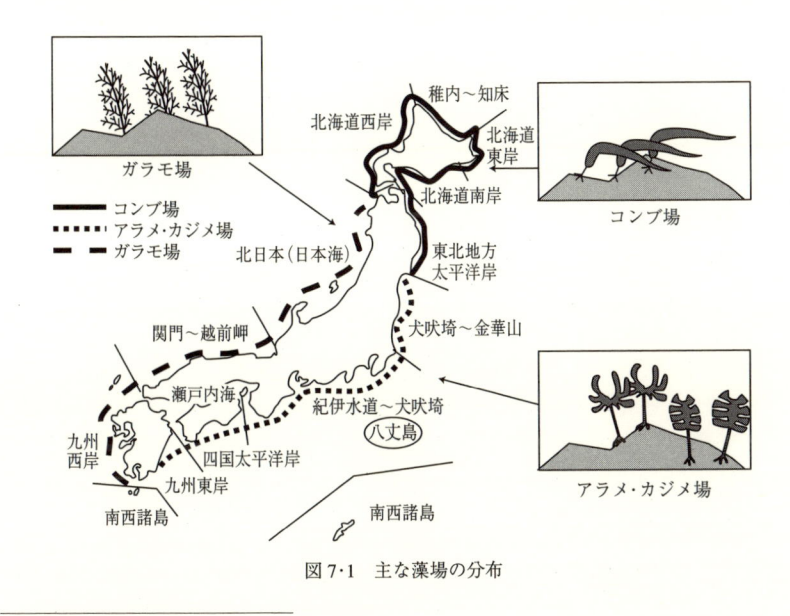

図7・1　主な藻場の分布

[*1] 株式会社アルファー水工コンサルタンツ
[*2] (独)水産総合研究センター　水産工学研究所

て緊急磯焼け対策事業が実施され，過去の磯焼け対策の知見を集め，全国各地で検証を行い，「磯焼け対策ガイドライン」[1]が制作された．磯焼け対策は衰退した藻場を修復することだが，藻場造成は藻場がなかった場所に新たに藻場を造成することである．両者で対象種の選択や適地選定で違いはあるが，藻場が存在しない原因を把握して藻場を作るという観点では，技術的には類似している．ここでは，このガイドラインの順応的管理を紹介しながら，藻場造成や修復のあり方を検討することとする．

§1. 藻場とは
1·1 藻場のタイプ
沿岸の浅海域の岩礁上には，海藻が繁茂する群落やサンゴの群集を見ることができる．海藻群落やその群落内の動物を含めた群集のことを藻場という．藻場は構成する種類により，主にコンブ場，アラメ・カジメ場，ガラモ場（図7·1）などに区分けされる．海域や水深によって優占種が異なるが，複数の種で構成された混生群落の藻場も多い．

1·2 藻場の役割
海藻は海水中の窒素やリンなどの無機栄養塩を葉面から吸収して生長する．また，光合成により海中へ溶け込んだ二酸化炭素を吸収し，海中に酸素を供給する．したがって，藻場は一次生産の場である．海藻類が形成する立体的構造は幼稚魚の保護育成場，無脊椎動物や魚類の生息場，摂餌場，隠れ場を提供する．特に，海藻はウニやアワビなどのベントスにとって，良好な餌である．そして，藻場は人間にも快適な海中景観を提供し，藻場とその生態系の理解を深めるための一般住民や学生の環境学習の場にもなる．

1·3 藻場を構成する海藻の生活史
藻場を構成する大型の海藻には，発芽後1年で胞子や卵などの生殖細胞を作り枯死する1年生海藻と数年間の寿命を有する多年生海藻がある．コンブ類（アラメ・カジメ・クロメなども含む）の多くは多年生だが，成熟すると，葉状部に子嚢斑（生殖細胞である遊走子を産出する斑状の部分）が秋から初冬に形成される．海中へ放出された遊走子は，受精し，岩盤上で冬から春にかけて生長する．ホンダワラ類は成熟すると，雄性の株と雌性の株に生殖器床と呼ばれる生殖器官

が形成され，前者では精子，後者では卵が作られる．卵の放出時期は種によって異なり，同一種でも地域差があるが，夏に藻体が流失する前に成熟する種が多い．

　海藻には繁茂する季節と衰退する季節がある．多くの海藻類は冬から春にかけて主枝が伸長し，発芽した幼体の加入とともに繁茂する．夏には葉状部が枯死流失し，秋以降に発芽する．したがって，春と秋では海底の様相は全く異なるが，秋の大型海藻がない景観を藻場の長期的な衰退と間違ってはならない．

1・4　海藻類の生育環境

　海藻類は水深によって出現する種類が変わる．潮間帯では垂直方向に20～30cmの幅で，優占種が異なることが多い．低潮線より下の潮下帯では，あまり明確ではないが，水深ごとに優占種が異なり，分布は帯状になる．藻場造成では対象種が分布する水深帯の把握が不可欠である．

　また，波浪の強さ，光量，底質の安定性などによって海藻の分布が規制される．一般に，コンブ類は波当たりの強い場所，ホンダワラ類はやや内湾的で波が穏やかな場所に優占しやすい．藻場造成では，これらの物理的環境を把握しておくと，適地選定に役に立つ．適地選定がしっかりできれば，長期間にわたって藻場が維持される．例えば，綿貫ら[2]は設置後18年を経過した藻場造成用ブロックを調査し，継続して藻場が形成されていることを確認した．これは，ブロック設置場所の適地選定が適切であったことと，その後に大きな環境変動が少なかったものと考えられる．

§2．磯焼けとは

2・1　磯焼けの定義

　磯焼けとは，「浅海の岩礁・転石域において，海藻の群落（藻場）が季節的消長や多少の経年変化の範囲を越えて著しく衰退または消失して貧植生状態となる現象」である[3]．一旦，磯焼けが発生すると，藻場の回復までに長い年月を要したり，磯根資源の成長の不良や減少を招いたりするため，沿岸漁業に大きな影響を及ぼす．磯焼けが発生する原因，藻場が衰退した後の景観，磯焼けの影響，回復までの期間などは，各海域の地形，海洋学的特性，生物の種組成，沿岸利用・開発の歴史などによって異なる．

2・2 磯焼けの景観

ウニ,魚,浮泥による磯焼けの景観を図7・2に示す.磯焼けによって生じる貧植生域の景観は様々で,「無節サンゴモや無脊椎動物が優占する」(図7・2の左上),「海藻の付着器や茎状部などの残骸が残る」(図7・2の左下),「岩肌が浮泥に被われる」(図7・2右下),などの場合がある.なお,図7・2の右上には,ウニが優占する磯焼け域における海藻植生の残存状況を示しているが,磯焼け域でも,海水流動の大きい突端部(波食台,波食溝)や離れ岩・暗礁,砂に囲まれた岩盤,あるいは河川水の影響が強い河口周辺では海藻が残っていることがある[4].

ウニや貝は飢餓に強く,成長不良のまま生き続けて海藻の芽生えなどを食べるため,藻場回復の阻害要因になりうる.磯焼けの継続期間は,一過性や周期的な気象・海況変動に基づく場合,数年程度であるが,藻場形成を阻害する要因が継続する場合には,半世紀以上にも及ぶことがある.

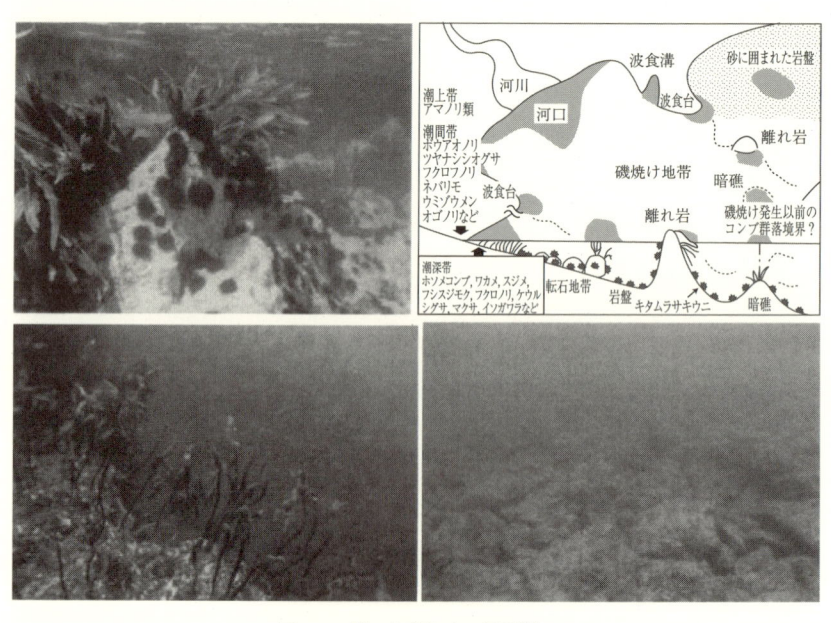

図7・2 様々な磯焼けの景観[3,4].
　　　　左上・右上:ウニ(北海道せたな町),
　　　　左下:魚(静岡県南伊豆町),
　　　　右下:浮泥(富山県入善町).

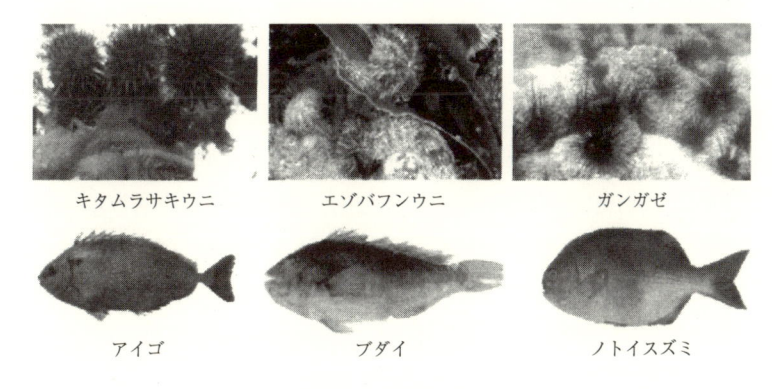

7章　順応的にすすめる岩礁性生態系の修復と管理　111

キタムラサキウニ　　エゾバフンウニ　　ガンガゼ

アイゴ　　ブダイ　　ノトイスズミ

図7・3　主な植食動物

2・3　磯焼けの発生原因と継続要因

　磯焼けの発生原因として，海流などの流況の変化，栄養塩の欠乏，淡水流入，台風などの天候異変，植食動物による食害，着生場所を争う競合，浮泥や漂砂などによる埋没，公害や農薬などが考えられている．原因は単独ではなく，多くの場合，複合した原因によって藻場が衰退するので，対応策も各原因に対応したものを実施する必要がある．

　藻場は各沿岸の微妙な環境条件のバランスの上に成立し，自然の猛威だけでなく，様々な人間活動も影響を及ぼしている．あるインパクトで磯焼けが発生し，その後，そのインパクトの影響が減少しても磯焼け状態が継続することが多い．局所的な現象を除い

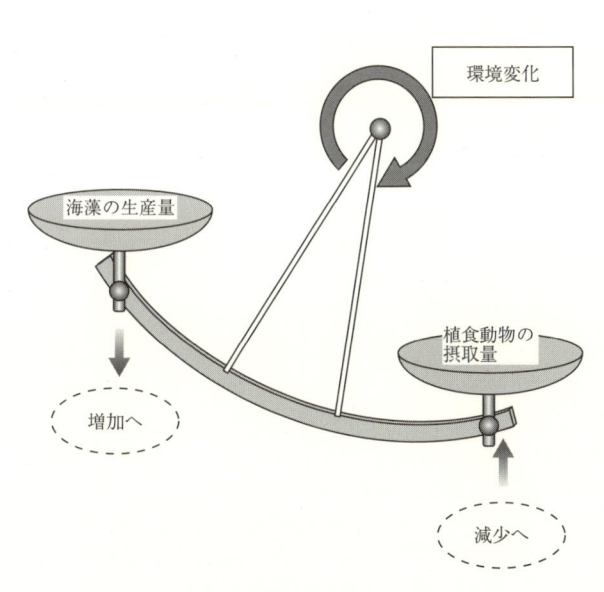

図7・4　磯焼け域の生態系のバランスを示す天秤

て，近年の磯焼けが継続するしくみは，①海藻が植食動物（図7·3）に食われる，②海藻が枯れる，③海藻が芽生えなくなる，のいずれか，もしくはこれらの組み合わせになる．図7·4は天秤を模したイラストで磯焼け域の状況を示した．多くの磯焼けは，生態系のバランスが崩れ，植食動物の摂食量が海藻の生産量を上回っているために継続する．最近では，沿岸域開発や地球温暖化などの環境変化に伴い，ますます磯焼けが進行・拡大する傾向にある．磯焼けの状態から回復させるには，植食動物の摂食量を減らし，海藻の生産量を増やし，環境も可能な限り改善してこのバランスを水平にする努力が必要である．

§3. 順応的に進める磯焼け対策
3·1 磯焼け対策の考え方

磯焼け現象は多くの要因が複雑に絡み合うと，確実な解決方法が見いだしにくい．このような不確実な問題に対しては，「順応的管理手法」が望ましい．現在の最高の理論やモデルに基づいて対策を計画し，多くの関係者や学識経験者と共同で結果をモニターする．その成果に柔軟に対応して実施内容を検討し直し，再び進めてゆく．図7·5に示すように，磯焼け対策では，現況把握や簡易な試験で藻場形成の阻害要因を明らかにすることから始まる．次に，回復目標を立て，その要因を排除・緩和する要素技術を駆使し，小規模でも確実に藻場を回復させる．対策後はモニタリングを

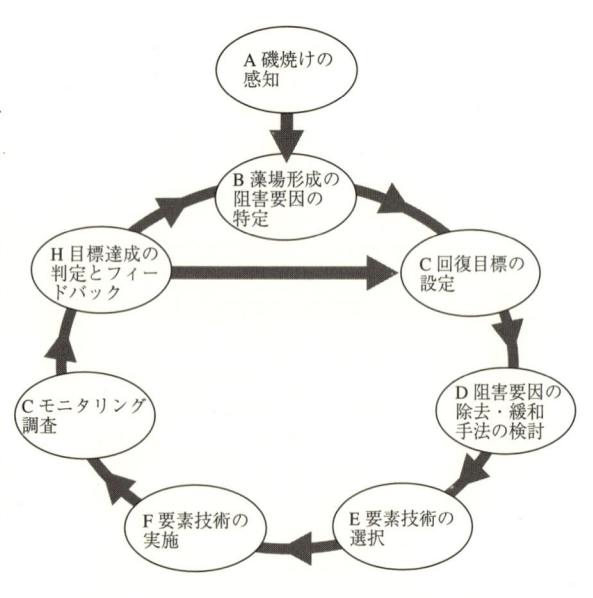

図7·5 磯焼け対策における順応的管理の考え方

行い，その成否の理由を学習してフィードバックし，徐々に規模を拡大していく．効果が認められない場合は，その計画・回復目標を修正し，再度，対策を実施する．

3・2 磯焼け対策フロー

順応的管理の考え方を踏まえて，対策の手順を示したのが図7・6の磯焼け対策フローである．「A 磯焼けの感知」からスタートし，矢印に沿って，項目を飛び越えないように判断しながら磯焼け対策を行い，「H 目標達成の判定とフィードバック」を行う．順番に進めることで現地の現象への理解が深まり，的確な対策に繋げることができる．

1) 磯焼けの感知（A）

磯焼けであるか否かは，①景観の変化，②アワビやサザエなどの植食性動物の漁獲物の変化などから感知する．磯焼けの可能性があれば，藻場形成の阻害要因の特定に進む．

2) 藻場形成の阻害要因の特定（B）

磯焼けを感知したら，藻場形成の阻害要因を特定する．まず，図7・7のように

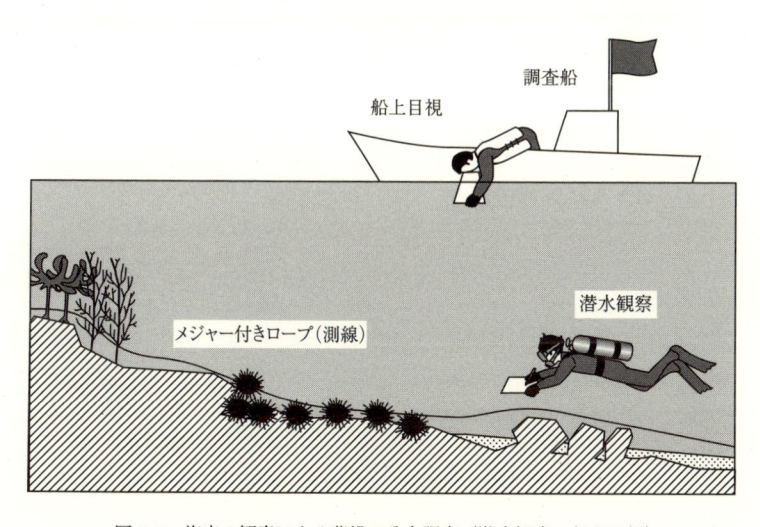

図7・7 海底の観察による藻場の分布調査（潜水観察，船上目視）

114

A	B	C	D
磯焼けの感知	藻場形成の阻害要因の特定	回復目標の設定	阻害要因の除去・緩和手法の検討

B: 対策を行いたい場所で実施

A: 藻場の衰退が継続して認められる

B1: 藻場形成の阻害要因が明確である

B2: 藻場形成の阻害要因を簡単に特定できない

C: 回復させたい藻場の種類や規模の決定

摂食量の減少
- D1 ウニの食害
- D2 魚の食害

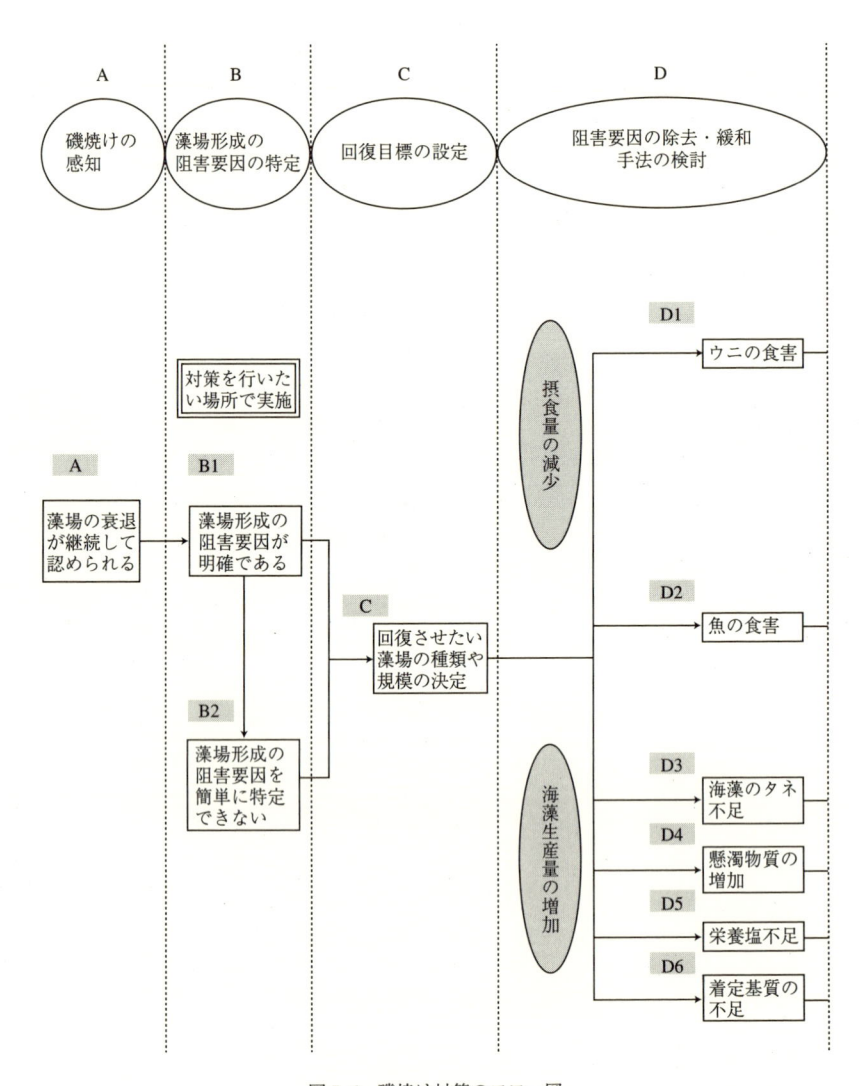

海藻生産量の増加
- D3 海藻のタネ不足
- D4 懸濁物質の増加
- D5 栄養塩不足
- D6 着定基質の不足

図7・6 磯焼け対策のフロー図

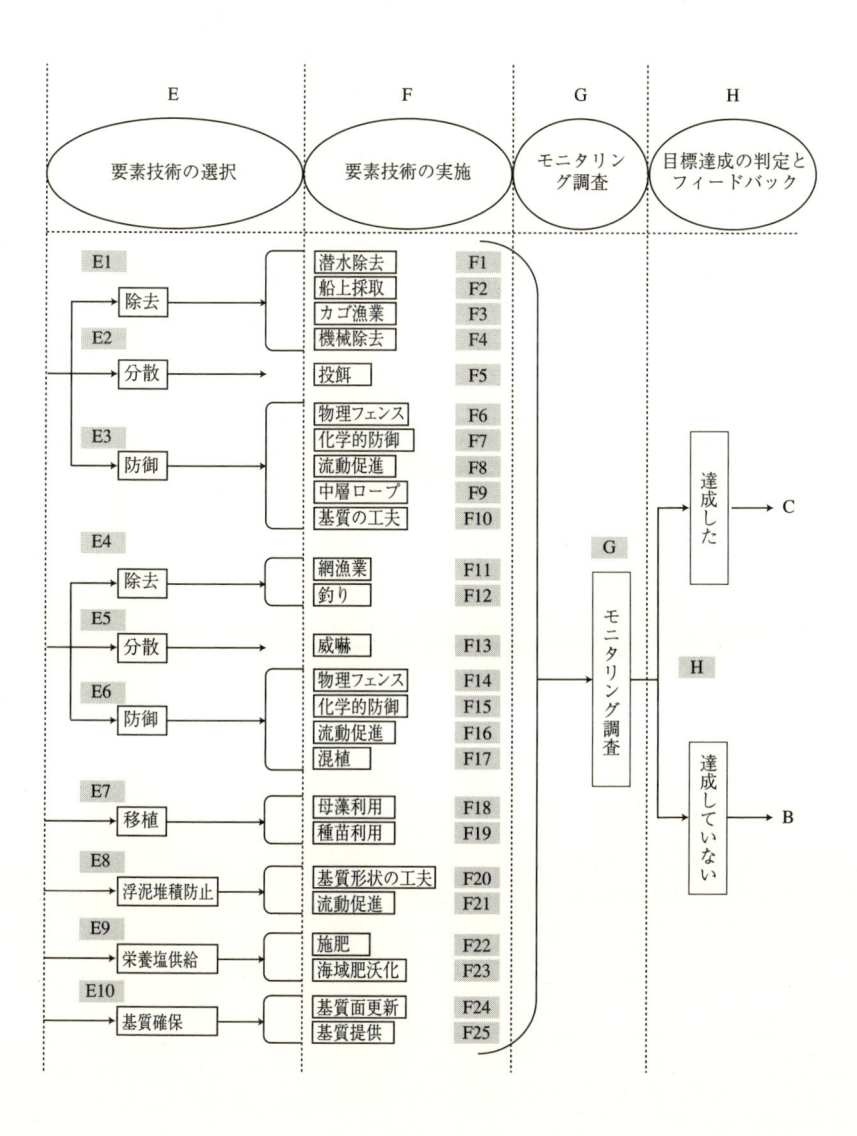

7章　順応的にすすめる岩礁性生態系の修復と管理　115

| E 要素技術の選択 | F 要素技術の実施 | G モニタリング調査 | H 目標達成の判定とフィードバック |

- E1 除去
  - F1 潜水除去
  - F2 船上採取
  - F3 カゴ漁業
  - F4 機械除去
- E2 分散
  - F5 投餌
- E3 防御
  - F6 物理フェンス
  - F7 化学的防御
  - F8 流動促進
  - F9 中層ロープ
  - F10 基質の工夫
- E4 除去
  - F11 網漁業
  - F12 釣り
- E5 分散
  - F13 威嚇
- E6 防御
  - F14 物理フェンス
  - F15 化学的防御
  - F16 流動促進
  - F17 混植
- E7 移植
  - F18 母藻利用
  - F19 種苗利用
- E8 浮泥堆積防止
  - F20 基質形状の工夫
  - F21 流動促進
- E9 栄養塩供給
  - F22 施肥
  - F23 海域肥沃化
- E10 基質確保
  - F24 基質面更新
  - F25 基質提供

G モニタリング調査

H
- 達成した → C
- 達成していない → B

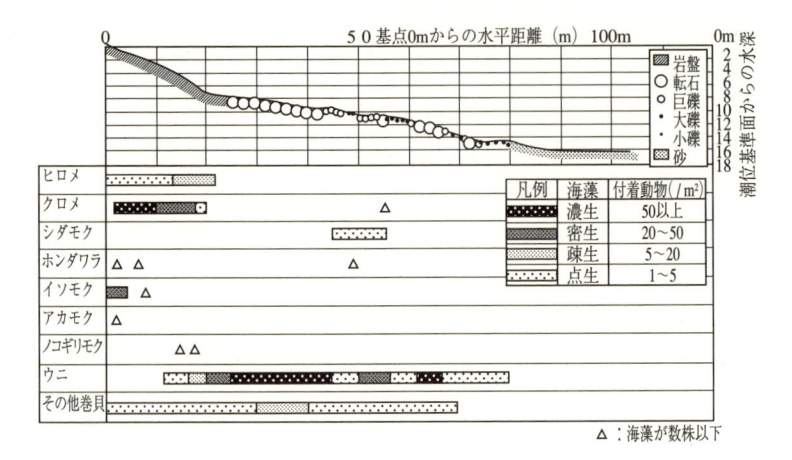

図7・8　ベルトトランセクト法による藻場の分布調査の例

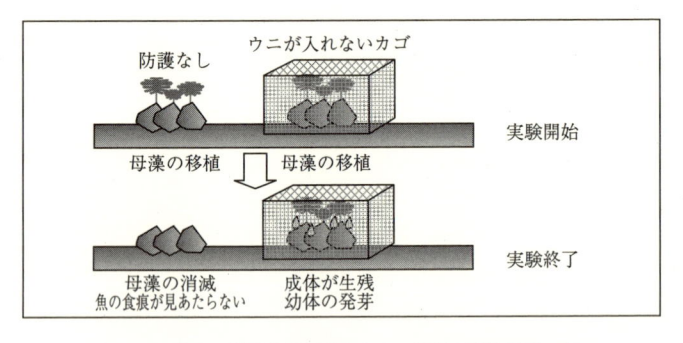

図7・9　食害の影響を判断するための簡易な現地試験の例

ベルトトランセクト調査を実施し，藻場の分布の実態を把握し，図7・8のようにまとめる．この調査で阻害要因が特定できる場合はCに進む．阻害要因の特定が困難であり，食害の影響を特定する場合は，カゴで保護した基質と保護していない基質に海藻を移植して経過を観察する（図7・9）．環境条件の不良が疑われる場合は，天然藻場と磯焼け域で流速，沈降物質量，水温，透明度などを比較し，原因を把握する．藻場形成の阻害要因は1つとは限らず，複数の場合がある．

3）回復目標の設定（C）

回復すべき藻場の構成種，被度，面積の目標を設定する．順応的に進めるため，

最初は短期的で小規模な藻場の回復を目標とし，成功したら，より長期的かつ大規模な目標にステップアップする．

4）阻害要因の除去緩和の検討（D）

対象海域の磯焼け対策は，Bで得られた結果をもとに，植食動物の摂食量の減少か，海藻の生産量の増加か，あるいは両者なのか，各技術の内容や適応範囲を理解し，当該海域で実施可能な方法を検討する．

5）要素技術の選択（E）

ウニや魚の食害が問題であれば，除去，分散，防御の技術を選択する．海藻の生産量を増やすのであれば，移植，浮泥堆積防止，栄養塩供給，基質確保などの対応策を選択する．ただし，これらの技術は完成度が低いものもあり，さらに技術開発が必要である．

6）要素技術の実施（F）

図7·10 ウニによる食害を除去・緩和する手法

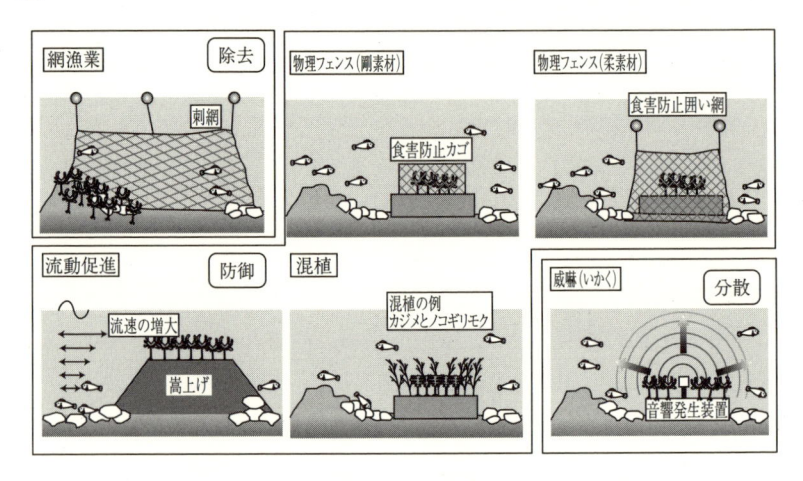

図7・11　植食性魚類による食害を除去・緩和する手法

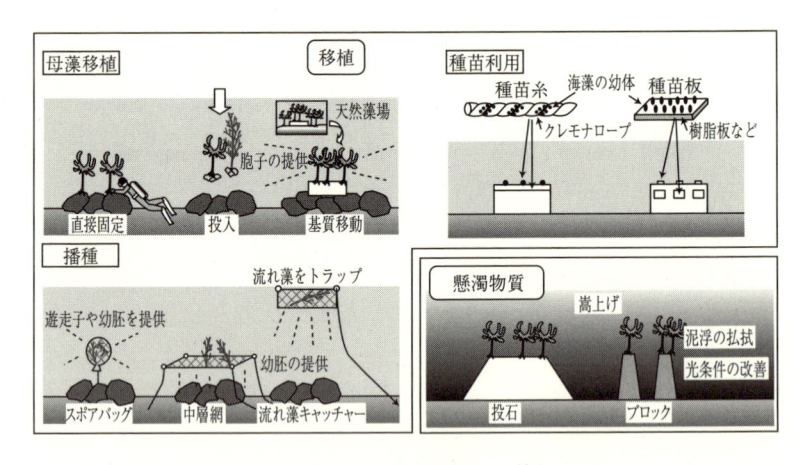

図7・12　海藻を増殖する技術

　ウニや魚の食害が問題であれば，除去，分散，防御の技術を選択する（図7・10，7・11）．海藻の生産量を増やすのであれば，移植，浮泥堆積防止，栄養塩供給，基質確保などの対応策を選択する（図7・12）．ただし，これらの技術は完成度が低いものもあり，さらに技術開発が必要である．適用範囲などの詳細についてはガイドラインを参照していただきたい．

7）モニタリング調査（G）

実施した対策の成否を判定するため，少なくとも年1回（海藻繁茂期）のモニタリングを実施する．

8) 目標達成の判定とフィードバック（H）

Gのモニタリング調査結果から，Cで決めた目標の達成度を判定する．達成した場合は成功した理由を確認し，ステップアップした目標づくりを行う．達成していない場合は，想定した藻場の形成阻害要因が違っていた可能性があるので，Bにフィードバックし再検討する．

§4. 磯焼け対策の実施体制

磯焼け対策は常に海を見ている漁業者が主体となり，研究者（専門家），行政，地域住民，ボランティアの協力を得ながら効果的，効率的に行うことが望ましい．実施体制の例を図7·13に示す．図の「まず，対策の計画をつくろう」は，フロー図（図7·5，図7·6）の「A　磯焼けの感知」～「E　要素技術の選択」と対応する．ここでは，藻場を回復させようとする磯焼け域の環境条件，藻場形成の阻害要因，

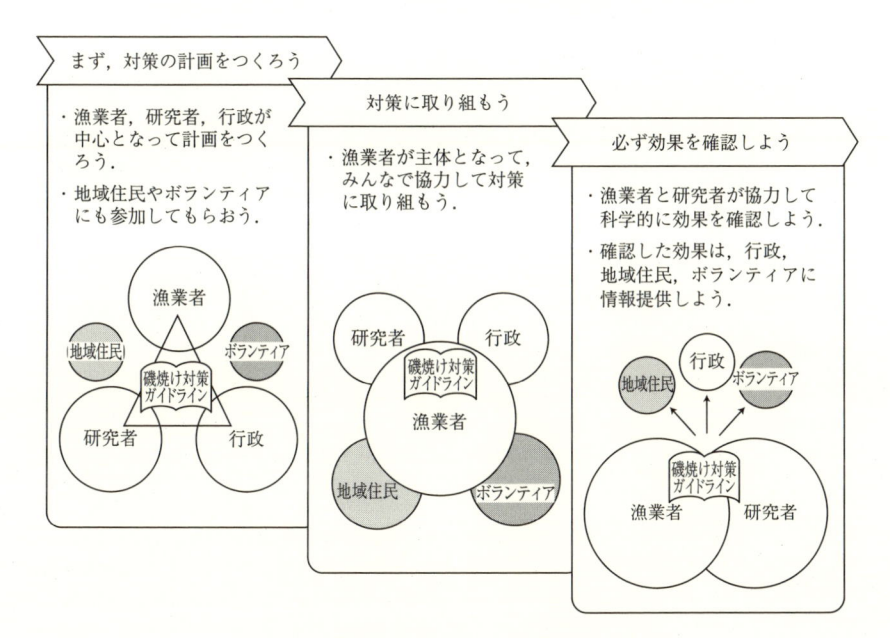

図7·13　磯焼け対策の望ましい実施体制の概念図

必要な労力・経費などを考慮して，回復目標や要素技術を検討する．このため，漁業者，研究者（専門家），行政担当者が中心となって計画をつくるが，この段階から地域住民やボランティアと情報を共有しておくと，その後の協力を得やすい．「対策に取り組もう」は，「F　要素技術の実施」と対応する．磯焼け対策の実施には，漁業者が中心となり，研究者，行政担当者，地域住民，ボランティアあるいは民間企業が力を合わせて取り組むことが望ましい．「必ず効果を確認しよう」は，「G　モニタリング調査」，「H　目標達成の判定とフィードバック」と対応する．ここでは，漁業者と研究者が中心となり，対策の効果を科学的に評価し，対策のさらなる推進や見直しを行う．ここで得られた知見は，地域住民，行政担当者，ボランティアにも報告し，情報を共有することが望ましい．

§5. 一般市民による磯焼け対策

漁業者，専門家および一般市民によって実施された，ウニ除去による磯焼け対策の実施例[5]を紹介する．

5・1　ウニ除去による藻場の回復

潜水漁業がおこなわれていない漁場では，ウニ除去に専門ダイバーを雇用すると費用対効果が得にくい．潜水漁業が行われていても，高齢化や兼業化で人手不足であり，広範囲に分布する大量のウニを除去するのは困難である．一方，海に親しみ，海の環境を保全したいと望む一般市民も多く，サンゴやアマモの移植などで活躍している例も増えてきている．

図7・14　ウニ除去区と移植先の囲い礁の位置図
　　　　A：定期的除去，B：1回のみ除去，C：対照区

北海道の西岸は，慢性的な磯焼け状態が継続している海岸が多い．対象地域は積丹半島の西側の位置する神恵内漁港地先である（図7・14）．磯焼けの継続要因はキタムラサキウニによる食害であり，回復にはウニ除去が必要と考えられ，潜水によるウニ除去を一般市民ダイバーの協力を得て実施した．

ウニ漁業が8月まで実施されるので，2005年9月にウニ除去を実施した．この海域に分布するホソメコンブは10月〜12月頃に胞子を出すので，その前にあたる．転石海岸の水深4〜8mにおいて50×50mのエリアを3ヶ所設定した．ウニ除去区として，1回のみ除去するB区，毎月除去を継続するA区，何もしない対照区Cである（図7・14）．

ウニ除去では，一般市民ダイバー10名（男性が6名，女性が4名）が参加した．うち1名はダイビング歴1年の初心者だったが，他は5年以上の経験者（ボンベの使用本数150〜280本）であった．ウニ除去はダイビングインストラクターやスタッフも含め20名が担当した．漁業関係者は漁船の操船および除去したウニの浅場への移植作業を分担した．全員が集合した後，安全な作業を実施するため，潜水上の注意点，ウニ除去の方法，合図の周知徹底を行った．作業は2班に分かれ，第1班がA地区を除去し，その後，交代して第2班がB地区の除去を行った．1航海の所要時間は移動，潜水作業，機材の積み下ろしなどを含め約2時間であった．作業目標は，目視でウニを確認できない程度まで除去するとしたが，2日目で達成できた．2日間で1名当たりウニを72.9kg（1,645個），総数は約32,900個を除去した．調査実施後に参加者にアンケートをしたところ，一般市

ウニ除去の状況　　　　　　　一般市民ダイバーとスタッフたち

図7・15　一般市民参加のウニ除去による磯焼け対策

民ダイバーからは，ウニが磯焼けの継続要因であることを始めて認識し，藻場が回復するなら，今後も参加したいという意見が多かった．また，漁業者は一般市民の協力で磯焼けが回復するなら，今後も継続して欲しいという意見であった．

その後，モニタリングを継続し，A区は12月末までにさらに3回のウニ除去を実施した．除去前のウニ密度はA区で5.7個/m²，B区で9.2個/m²，C区で5.3個/m²であったが，12月末までは，A区で0〜1.3個/m²，B区で1.2〜2.8，C区で3.9〜5.3個/m²であった．図7·16に翌年の5月における3ヶ所のコンブとウニ密度の測定結果を示す．毎月除去したA区ではウニ密度は0.1個/m²とほとんど分布せず，コンブが繁茂した．9月に1回のみ除去したB区ではウニが再加入

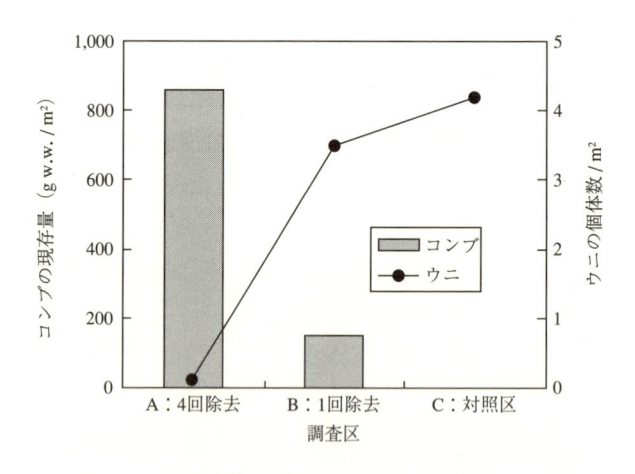

図7·16 ウニ除去後の翌年5月のコンブの現存量とウニ密度

図7·17 ウニ除去後の状況

し，3.5個/m²まで増えたが，コンブの現存量は150g/m²であった．対照区のC区では4.2個/m²とウニが多く，コンブの着生は見られなかった．

以上のように，当海域において磯焼けが継続している原因は，大量のウニの分布であることが証明できた．そして，コンブが成熟して遊走子が出る前の9月にウニを1回除去するだけでも，翌年にはコンブが観察されるようになる．より確実には，コンブが発芽する前の12月までに数回のウニ除去を行い，ウニ密度を0～1.3個/m²と低下させることで，コンブが繁茂した．今後もコンブの成熟期に継続的にウニ除去を実施することで，少しずつ藻場を拡大させられると期待される．

5・2　一般市民参加によるウニ除去の制度上の課題

一般市民ダイバーが磯焼け対策に参加することで，いくつかの課題が明らかになってきた．漁業権のない一般市民がウニを除去する行為は，まず，漁業権者の同意が必要であること，漁業調整委員会により禁止された行為でないこと，海中公園地区で採捕が禁止されていないことが大前提となる．

次に漁業調整規則による制限があり，次の条件を満たしていない場合は特別採捕許可が必要となる．すなわち，竿釣り，たも網，歩行徒手採捕など，遊漁者が採捕可能と規定された漁法による採捕であること，また規則上，採捕が禁止された種，期間，体長，区域ではないことを確認しておかなければならない．

特別採捕許可は知事許可なので，自治体により解釈が多少異なる．そこで，各自治体に対して，どのような条件を満たせば，このような活動が可能と考えるか，水産庁からアンケートを行った．その結果，試験研究，教育実習または増養殖用種苗の自給もしくは供給の目的があることに加え，潜水器を使用するなら潜水士免許を有すること，公的な試験研究機関などが行うこと，関係漁業協同組合の同意があることなどの制限がついている回答がみられた．

現状では，これらの条件を満足させないと一般市民によるウニの除去はできない．今回は初めての試みであり，活動が定着することで種々制限の緩和や新たな枠組みを期待したい．なお，教育の一環として実施するウニ除去については，漁業者と水産高校生，藻類研究者の連携で藻場の回復に取り組んでいる事例がある[6]．

§6. 藻場の修復や藻場造成の課題

　藻場の形成を阻害している要因を明らかにして，その対策を実施し，効果が見られない場合は，藻場の形成阻害要因の特定に戻り，再度，対策を実施することが重要である．通常，この作業には数年を必要とする．1～2年ですぐに結果が出れば，漁業者も進んで対策を継続するであろうが，数年経過しても顕著な藻場の回復が見られないと，担当者や漁業者の意欲が低下する．特に，藻場の形成阻害要因が複数だと，対策の成果がなかなか出ないこともある．このような場合でも磯焼け対策を成功させるには，各対策の要素技術を把握し，リーダーシップをもった指導者が必要である．そして，なぜ藻場が衰退したのか，どうすれば効果的に藻場の回復が可能なのか，科学的に解明する研究者や専門家のサポートが必要であろう．

　さらに長期的な視点で見ると，沿岸域の環境は決して安定したものではない．磯焼け対策や藻場造成を実施後に，一時的に藻場が回復しても，沿岸開発の影響で漂砂の流れが変わり，砂に埋没したり，砂が無くなりウニの生息できる場が増えて磯焼けになってしまうこともある．藻場が回復しても，また衰退の危機に曝されることもあるので，モニタリングを継続して，環境変動に注意をしながら順応的に対策を実施することが重要である．

　前述したように，磯焼け対策技術は熟度の低いものも多い．特に，植食性魚類に対しては，経済的で確実な技術がないのが現状である．植食性魚類を漁獲することが，最も着実な方法であるが，アイゴやイスズミは磯臭いことから嫌う人が多い．魚食普及[7]やすり身加工技術の開発[8]も行われており，今後に期待したい．また，音刺激による威嚇の研究も進められているが，長期間には魚が順応してしまう課題が残されている[9]．今後とも，さらに様々な視点から研究開発を進め，経済的で確実な海藻の保護方法を確立する必要がある．

　以上，岩礁性の藻場の回復を中心に述べてきた．一方，海水温の上昇により，四国や九州の南西岸などの黒潮の影響域では，海藻に替わって，造礁サンゴが目立ってきている．海藻類とサンゴは着生の場を競合し，藻場を造成する立場からは厄介者かもしれない．しかし，サンゴは体内に共生する藻類（褐虫藻）によって，高水温・貧栄養の沿岸域であっても著しく生産性の高い生態系を形成し，水産的価値が高い．藻場からサンゴ群集に変化したら，サンゴ群集を保全すべきで

あろう.高水温による白化,オニヒトデによる食害,赤土流失による埋没,埋め立てなどによる生息場の消失などのインパクトによって,サンゴ群集の衰退が危惧されている場所も多い.ここでも,サンゴ群集の形成阻害要因を把握して,その要因を排除・緩和し,順応的に管理することが重要である[10].このようなアプローチなしにサンゴの移植をしても,サンゴ群集の再生は困難であろう.

文　献

1) 水産庁. 磯焼け対策ガイドライン, WEB公開資料 :http://www.jta.maff.go.jp/gyokogyojo/sub79.htm.
2) 綿貫 啓, 柴田早苗, 青田 徹, 川崎保夫, 新井章吾, 寺脇利信. 砂泥底に配置した18年後の実験藻礁上のカジメ, 平成17年度日本水産工学会学術講演会論文集, 2005; 21-22.
3) 藤田大介. 「磯焼け 21世紀初頭の藻学の現況」日本藻類学会, 2002; 102-105.
4) 藤田大介. 「磯焼け 21世紀の海藻資源 ―生態機構と利用の可能性―」緑書房, 1996; 52-86.
5) 桑原久実, 綿貫 啓, 青田 徹, 中斉修, 大塚英治, 川井唯史, 藤田大介, 梅津啓史. 一般市民参加型のウニ除去による磯焼け対策. 平成18年度日本水産工学会学術講演会 2006; 107-110.
6) 田中敏博. 漁師と学生の藻場回復活動「磯焼けを起こすウニ」成山堂書店, 2008; 144-152.
7) 山崎正之. アイゴの臭い消しと食用化への挑戦, 「海藻を食べる魚」成山堂書店, 2006; 190-198.
8) 大迫一史. すり身加工技術の開発「海藻を食べる魚」成山堂書店, 2006; 199-205.
9) 山内 信. 新たな試行錯誤, 「海藻を食べる魚」成山堂書店, 2006; 230-240.
10) 水産庁. 有性生殖によるサンゴ増殖の手引き, WEB公開資料 :http://www.jfa.maff.go.jp/gyokogyojo/index.htm.

8章　市民と取り組む人工干潟の造成と管理

中瀬浩太[*1]・石橋克己[*2]・木村賢史[*3]

§1. 大森ふるさとの浜辺公園の経緯

　人工干潟や海浜を造成して自然を再生，あるいは改善する事業は，わが国では1970年代から実施されるようになった．そのなかでも人工干潟は2002年度までに約2,100haの造成実績があるといわれている[1]．近年大都市部においても積極的な自然再生が求められ，特に過去の開発で人工構造物に覆われた水辺にも干潟や海浜を復元・再生することが各地で計画されている[2,3]．

　この事例の1つ，東京都大田区の「大森ふるさとの浜辺公園」は，京浜工業地帯の中心部・東京都大田区の工場跡地前面の京浜運河（図8·1）に，公園・緑地面積の確保，都市防災機能の強化，人と海の接点の回復，および水域の環境改善を目的に緑地と同時に建設された[4]．そのデザインは，大森周辺の海岸の原風景や環境の復元を目指したもので，公園や緑地とともに，砂浜・干潟・磯場・

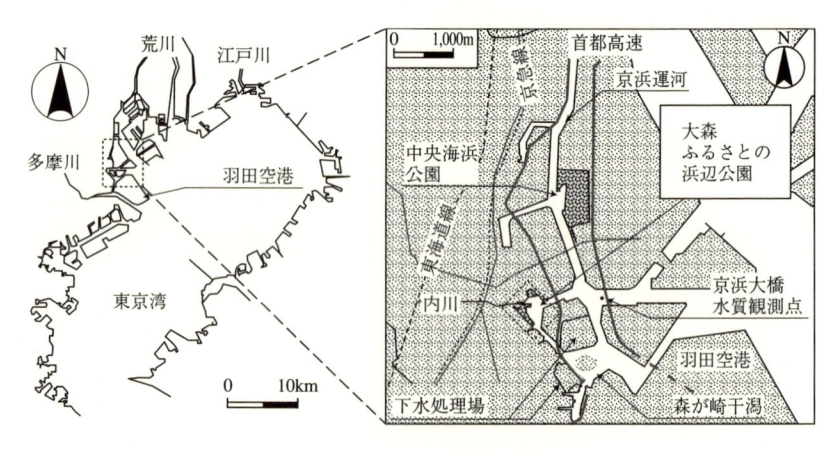

図8·1　大森ふるさとの浜辺公園所在地

[*1]　五洋建設株式会社土木本部環境事業部
[*2]　大田区基盤整備部建設工事課
[*3]　東海大学海洋学部海洋生物学科

表 8·1　大森ふるさとの浜辺公園関係年表

年　次	内　容
1981年2月	「東京ガス公有水面埋立計画」(8.8haの埋立計画うち下水道施設8..8ha)
1983年	「汚水処理場反対期成同盟」発足：反対意見書提出・署名運動
1983年	計画保留
1991年〜1993年	「平和島運河整備基本計画調査」
1993年〜	事業説明会．セミナー
1997年	「東京港港湾計画第六次改訂」埋立面積5.0haに縮小
1999年	NPO多摩川センターによる環境調査開始
2000年3月	埋立免許取得
2000年6月	着工
2001年8月〜2003年5月	工事連絡会（準備会＋4回）
2001年11月〜2003年3月	大森ふるさとの浜辺を考える会による利用計画ワークショップ（6回）
2002年7月	「ふるさとの浜辺シンポジウム」（地元自治会主催）
2007年4月	一般公開（区民の要望により当初公開予定を1年早める）

浅場が創られている．本公園は2000年6月に着工され，2004年6月の干潟・浅場・海浜完成後，植栽や休憩施設などの整備を行い，2007年4月1日に開園された．現在では地域の人々に親しまれる存在となっている．

　この事業は，京浜運河の低利用水域を対象として，当初は下水処理施設を建設する計画であったが，周辺住民などより反対意見が出され，計画は保留となった．その後，約20年間にわたり周辺住民，漁業・遊漁関係者，環境保護グループとの協議を経て，現在の形になった[5]．

　このような背景のため，計画時より学識経験者を交えたセミナーや協議会などが数多く行われた．

　工事の実施に当たっては事業者（区）・周辺区民・漁業遊漁関係者・自然保護グループ・学識経験者・コンサルタント・施工業者が対等の立場で問題点などを協議する「工事連絡会」が開催され，情報公開とパブリックインボルブメントが実践されてきた[5]．この工事連絡会では，覆砂材料の選定や，干潟移設方法など具体的な施工技術についても議論された．また，工事現場にプレゼンルームを設け，進捗状況や施工方法を常に公開した．

　公園事業についても，関心をもつ区民を区報により募集し，図8·2に示す体制で「大森ふるさとの浜辺を考える会」（図8·2）を組織し[5]，ワークショップにより公園の利用や運営およびゾーニング計画の構想に当たった．この組織は，その後「大森ふるさとの浜辺を作る会」そして「大森ふるさとの浜辺を育てる会」

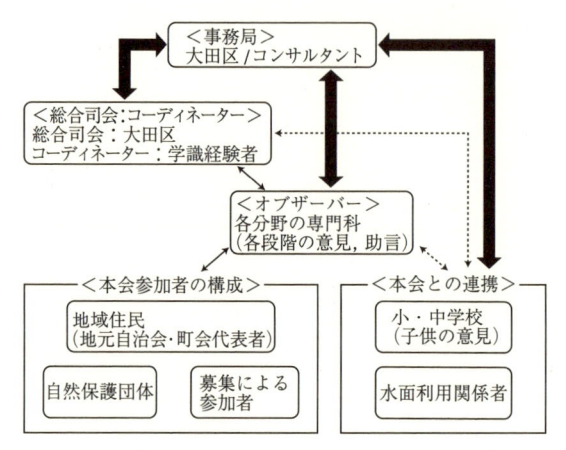

図8・2 「大森ふるさとの浜辺を考える会」組織図[5]

へ発展し，現在も公園の維持管理や管理運営に関わっている[4].

このように，本公園の計画から施工にいたる様々な局面に，地域住民・漁業遊漁関係者・自然保護グループ・学識経験者が参加し，完成後もこれらに参加したメンバーが管理運営や環境モニタリングに関わり，この場所に再生された環境や生物相の推移を見守り，必要に応じて改善の提案を行っている．

§2. 大森ふるさとの浜辺公園の概要

大森ふるさとの浜辺公園は，前述の通り京浜工業地帯の運河の奥まった場所に作られ，海域関係の部分は，海浜（1.2ha），浅場（4.6ha），および干潟（1.0ha）である（図8・3）.

延長610mの鋼矢板式護岸で囲まれた地盤高A.P.+2.6～4.6mの埋立

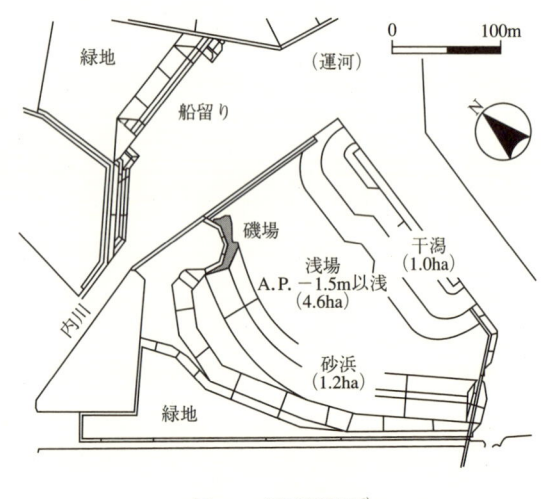

図8・3 平面配置図[5]

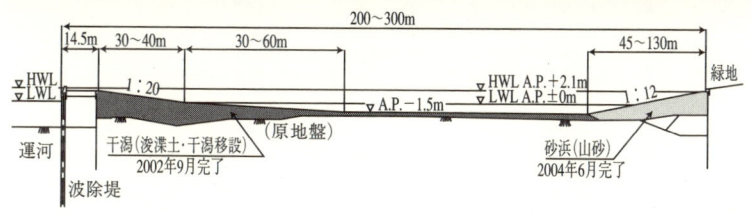

図8・4 干潟・浅場・砂浜部の状況および断面図(完成直後)

地の前面には，延長350mにわたり勾配1/12の砂浜が配置されている（図8・4）．この海浜は埋立地前面に購入砂を覆砂して造成した．ここに用いた砂は，工事連絡会での協議により各種の砂をこの海域に暴露して底生生物の加入を確認する公開実験を経て，千葉県君津市産の山砂（$d_{50}=0.2$ mm）を選定した[5,6]．また，周辺住宅などへの飛砂防止のため，香川県小豆島産の礫（$d_{50}=0.8$ mm）を最大干潮線（A.P.±0.0m）以上の海浜表面に約25cmの層厚で被覆している[5,6]．

人工干潟はもともと存在していた干潟の土砂を移設して造成した．この水域には，延長約400mの波除堤周辺に土砂などが堆積して1ha程度の干潟が存在していた．この干潟の土砂を岸から約200mに新設した延長約300mの護岸に移設して，勾配1/2の人工干潟を造成した．干潟土砂移設時には，在来干潟表面の土砂を採取後仮置きし，表面の土砂は干潟表面に，内部の土砂は干潟内部に配置した．この施工方法は，在来の干潟の表層に分布していた礫や小石を保全するべきであるとの工事連絡会での指摘により考案されたものである．

なお，現在この干潟は東京都の特別緑地保全地区（2.2ha）として立ち入りが制限されている．

図 8·5　干潟・砂浜近景（完成直後）

§3. モニタリング

　大森ふるさとの浜辺公園は京浜運河の一部に位置し，周辺には120万 m^3/日の処理水を放流する下水処理場（森ケ崎水再生センター）や，都市河川（内川）が存在する．周辺の運河の海底は有機物に富むシルト・粘土主体の底質で，夏期には海底付近は貧酸素化しやすい．さらに，周辺には生物の供給源となる自然環境も乏しい．

　このように，大森ふるさとの浜辺公園は生物群集の発達には過酷な環境に立地しているため，望ましい生物相の発達には状況に応じて何らかの人為的管理が必要となることが予想された．そこで，生物相の発達を見守り，かつ適切な改善のための情報収集として，水質・底質および底生生物・魚類・鳥類のモニタリングが実施されている．

3·1　モニタリングや管理の実施主体

　大森ふるさとの浜辺公園では施工前より地域の自然保護グループとNPO（多摩川センター）が大田区の委託により魚類・鳥類を中心とした調査を行っている．一方，施工業者の五洋建設は，施工中より干潟移設工法の検討などを目的に，干潟のベントスや底質の分布状況を調査していた．完成後は，東海大学海洋学部海洋生物学科が五洋建設と共同してベントス，底質，水質および物理環境を中心とする環境モニタリング調査を行っており，現在も継続中である．

　このような調査のほかにも，近隣の大学（東京工業大学など）が実習や環境教育の場として活用している．また，2008年4月に大森ふるさとの浜辺公園内

にオープンした「大森海苔のふるさと館」では，東京海洋大学の協力のもとに魚類やベントスの観察会を行っている．

2007年冬季より，大田区大森地区のノリ養殖経験者や地元NPO，および大田区立郷土博物館によるノリの生育観察実験が開始された．さらに，2008年11月には地元有志によるアマモ播種実験も行われた．

このような周辺区民による実験や管理のゆるやかな連合体が「大森ふるさとの浜辺公園を育てる会」である．この会は，公園事業やゾーニングの計画段階に参画していた「大森ふるさとの浜辺を作る会」を母体に，各種活動グループのメンバーが加わり（図8・6），事務局は大田区である．また，年に2回のペースで活動報告や，区委託環境調査結果の報告が行われている．

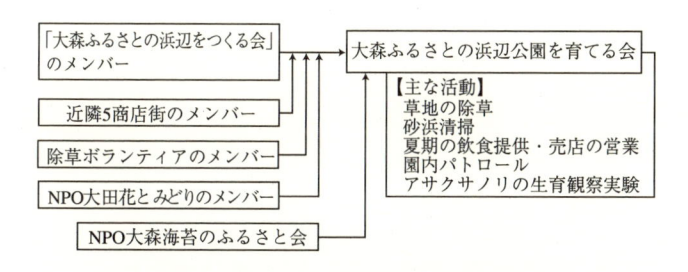

図8・6 大森ふるさとの浜辺公園の管理体制

3・2 モニタリング項目および結果

1）水　質

大森ふるさとの浜辺周辺は，水質環境は良好とは言えない京浜運河である．この海域では都や区が公共用水域の環境モニタリングを実施している[7]．調査地点至近の東京都公共用水域水質調査地点である京浜大橋（図8・1）で計測された2000年1月から2009年12月のCOD,T-N,T-P計測結果（図8・7）によれば，CODは海域に係る環境基準（C類型：8mg/l以下）を時々超える程度であるが，全リン・全窒素は常に環境基準（Ⅳ類型：1mg/l以下，T-P 0.09mg/l以下）を上回っている．

2008年の調査時に，計測した周辺運河の塩分濃度とDOの鉛直分布（図8・8）では，6月から8月には表面から1～2mの場所に躍層が形成されていた．それ

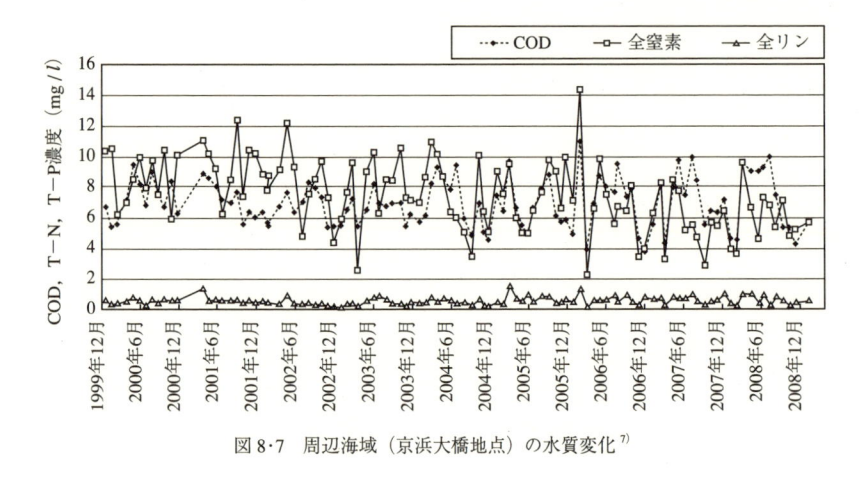

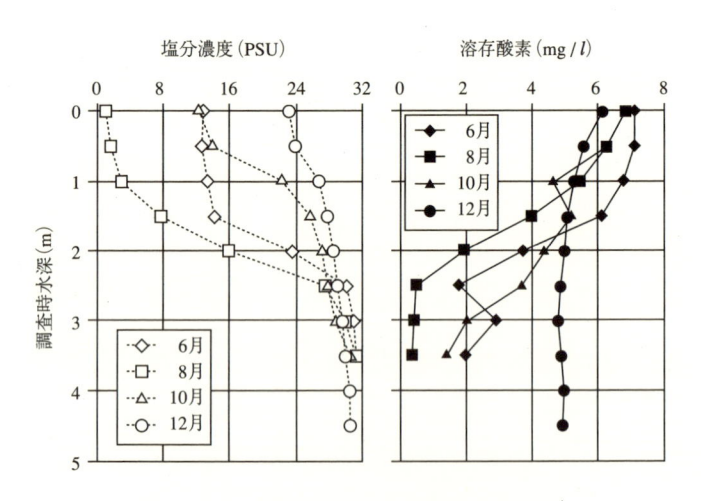

図 8・7　周辺海域（京浜大橋地点）の水質変化[7]

図 8・8　周辺運河での塩分・溶存酸素の鉛直分布[8]

以深では溶存酸素が 2mg/l 以下となる．また，表面近くはほとんど淡水になっている場合もあった．躍層は，冬期の 12 月にはほとんど解消されていた．

　大森ふるさとの浜辺公園の水域のように，付近の都市河川からの流入の影響が大きい場所では，水質の変化が短いサイクルで発生することがある．そこで，2008 年 8 月から 9 月にかけて干潟・砂浜の最大干潮線（A.P.±0.0m）と浅場海底（A.P.-1.5m）に自記式水温・塩分・DO 計を固定して，15 日間連続計測を

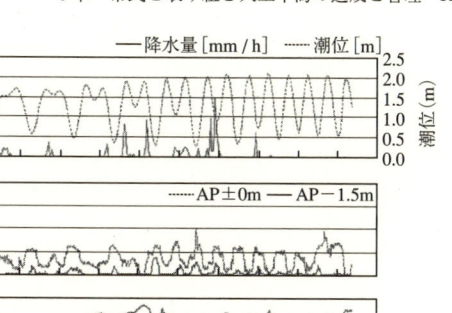

図8・9 2008年8月19日から9月3日の水温・塩分・DO連続計測結果

行った.

 これより,水質は潮汐変化に連動して変動し,降雨後に塩分濃度が急激に低下することが観測された.特に8月28日から31日にかけて断続的に降雨があり,それ以降9月3日ごろまで表層に淡水が滞留していた(図8・9).このことは,この期間に潮位が低下する(計測器センサが表面近くになる)とともに塩分が低下していることからうかがわれる.

 観測期間中,浅場海底のDOはほとんど2mg/l以下の貧酸素状態であったが,最大干潮線付近では浅くなる時間が長いため,貧酸素状態となる時間は短い.なお,8月21日から23日は浅場海底のDOが上昇したが,この時には風速8〜15m程度の強風が観測されており,これにより浅場の海水が撹拌され,底層まで酸素が供給されたことが示唆される.

2) 底　質

 静穏な海域に建設された干潟や海浜では,堆積作用により時間経過とともに底質の細粒分(シルト・粘土粒子の成分割合)や有機物含有量が増加する.その結果,底質中の硫化物の増加や酸化還元電位の低下が起こり,底質内は底生生物の生息に適さなくなる.この水域も湾奥部の静穏な運河内にあるので,同様な変化が予想されるため,底質指標を継続的にモニタリングしている[8].

 干潟の硫化物量および強熱減量が移設工事後に大幅に減少した(図8・10).これは,干潟移設時に在来干潟の土砂をグラブで撹拌して空気に晒されたためと

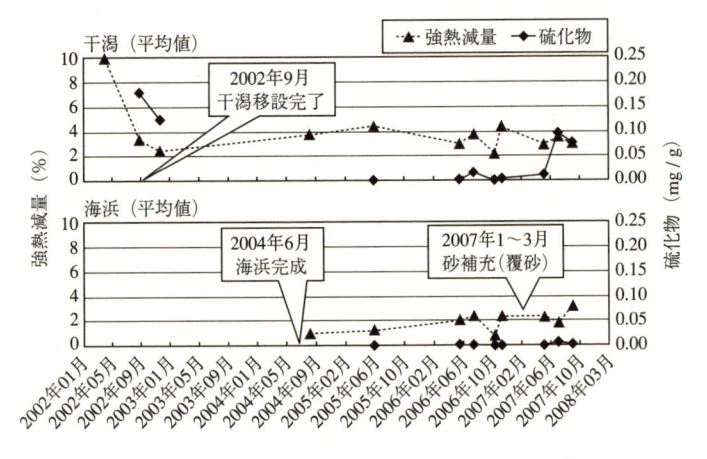

図8·10 干潟・海浜の強熱減量・硫化物の経時変化[8]

推察される．その後，硫化物量や強熱減量は横ばい状態であったが，2007年以降，硫化物が増加し始めている．一方，海浜については，造成には強熱減量1%未満の有機物の少ない砂を用いたが，時間とともに底質中に有機物が徐々に増加している傾向が見られた[2,5]．

3) 底生生物

底生生物は，移動能力が乏しく，その場所の環境条件を過去に遡って反映する特性があるため干潟・海浜の長期的環境モニタリング項目として重要である．底生生物は地盤高によって出現種が変化するため，干潟・海浜とも潮間帯の3段階の高さ（最大干潮線：A.P.±0.0m，平均潮位：A.P+1.0m，およびその中間：A.P.+0.5m）に調査地点を設定し，1mmメッシュに残存するベントスの種別個体数・湿重量を調査した．底生生物の調査は各種の目的で実施され，採取面積もまちまちであったため，生物の出現状況は1m^{2}当たりに換算して表現した．

①出現種数　干潟，海浜，浅場を通じての全出現種は106種であり，このうち79種が2002年の干潟移設以降に見られた種で，半数以上は多毛類であった（図8·11）．これらの生物は，周辺の干潟・海浜で見られる種の範囲内であり，特異的な種が見られたわけではない[6,9]．

既設干潟の土砂を移設した干潟では，2002年9月の完成後約半年の時点で，すでに10種程度の出現が見られた[8]．海浜部分は，2004年1月から順次造成さ

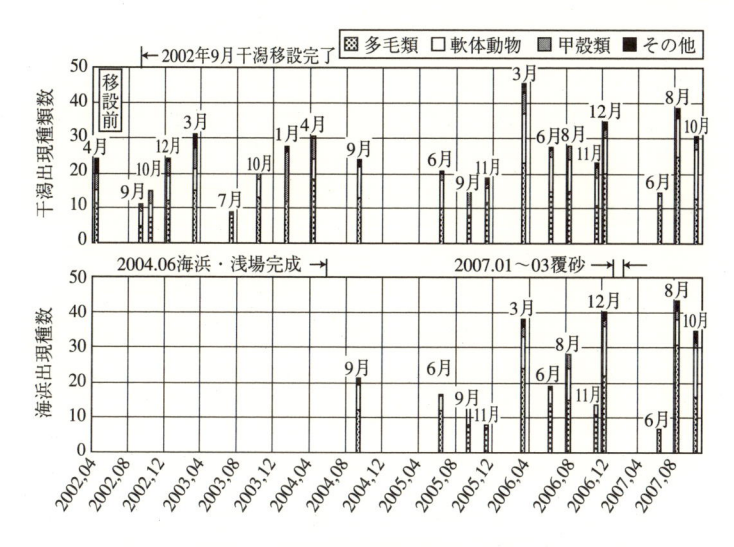

図8・11 底生生物出現種類数の経時変化[8]

れため，この期間も生物が加入し，海浜完成3ヶ月後の2002年9月時点で，21種が出現していた[8]．2007年6月の調査は2007年1～3月の海浜補修のため覆砂を行った後であり，出現種数と出現量が大幅に減少していたが，同年8月以降，再び種数が増加した（図8・11）．

②出現量　海浜・干潟では出現種数は秋から春に増加し，夏期に減少する季節的増減に加えて，しばしば生物出現量が急減することが観察される（図8・12）．この原因は貧酸素や低鹹水の影響と考えられ，覆砂工事もこれに含まれる．水質などの急変イベントが発生すると，生物群集は一旦全滅に近い状況（リセット）となり，その後再度生物群集が回復する過程が繰り返されていることがうかがわれる[8,10]．

干潟部分ではA.P.+1.0mで多毛類が，A.P.+0.5m以下で二枚貝類の出現が多いが，出現する貝類は地盤高別に異なり，A.P.+1.0mと+0.5mにはシオフキガイとヤマトシジミ，A.P.±0.0mでは2004年まではアサリ，以降はホンビノスガイが最大出現種となった．ホンビノスガイはこの周辺海域では2000年頃から普通に見られるようになった外来種である．なお，地盤高の高い部分にヤマトシジミが見られるのは，この水域の表層がしばしば淡水に覆われることによる

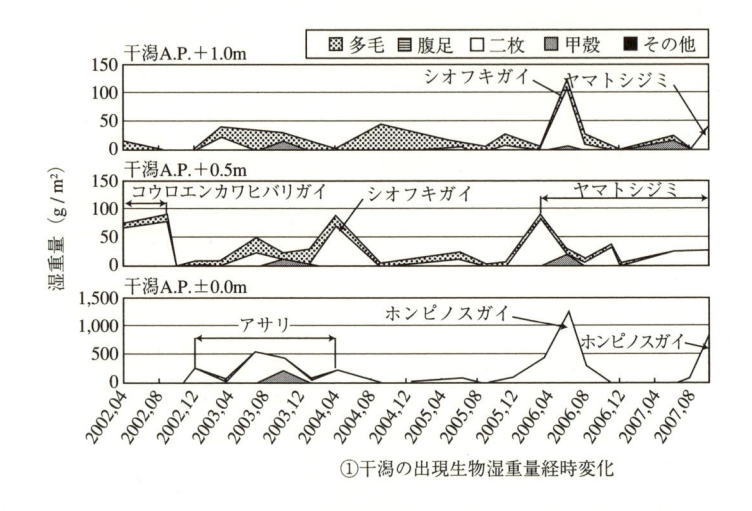

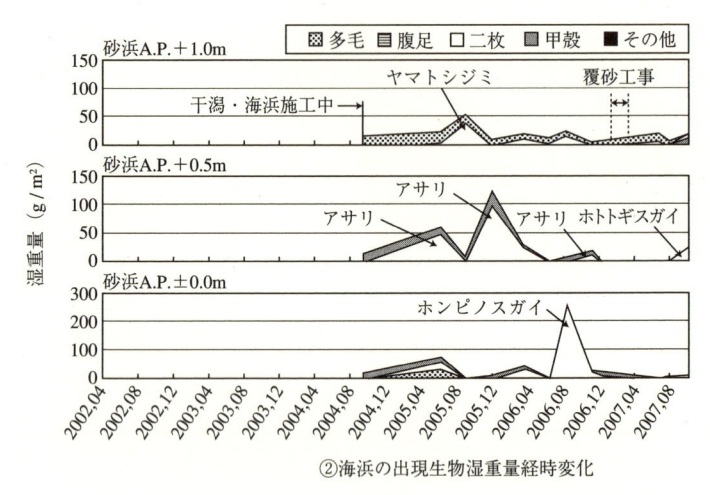

図8・12 底生生物湿重量経時変化[8]（図中の種名は各調査時の最大出現種を示す）

ものと推察される[8].

　砂浜部分では完成（2004年6月）後の翌年と翌々年にA.P.+0.5m, A.P.±0.0mにアサリが50〜100g/m²程度出現したが，その後は定着しなかった．また，2007年1〜3月には，覆砂工事のため，A.P.+0.5m以深の生物は減少した[8].

　周辺の運河や浅場の中央部でもベントスの調査を行い，冬期に少数の多毛類や

表 8·2 アセスメント時の生物群集予測と現状 [11]

時間経過	アセスメント時の予測			現状		
	状況	生物相	加入予想種	調査年	主要出現種	予測と比較
事前状況	—	—	—	2002年	カワゴカイ, Puseudopolydra sp. コウロエンカワヒバリガイ, アサリ, アシナゴカイ,	
1 年目	あく発生 海浜崩壊	先駆種のみ 加入	ヒモムシ・カワゴカイ・Puseudopolydra spp.	2003年	Puseudopolydra sp., Polydra sp. アシナゴカイ, アサリ, ニホンドロソコエビ	基本的に先駆種中心. 概ね予測どおり.
3 年経過	海浜安定	多毛類が 優占	上記＋イトゴカイ科・ホトトギス類・シオフキ・アサリ	2004年	カワゴカイ, チロリ, アサリ, ホトトギスガイ, ホンビノスガイ	概ね予測どおり.
5～10年	シルト以下 堆積	泥底類が 優占	上記＋各種ゴカイ類（ウロコムシ・サシバゴカイ科・カギゴカイ科・アシナゴカイ・ヤマトスピオなど）	2008年	カワゴカイ, アサリ, シオフキ（他にイトゴカイ科, ゴカイ科, マルスダレガレイ科の種）	カワゴカイやヤマトシジミなど淡水の耐性が強い種が増加. いろいろな種が最大出現種となる（優先種が不安定）.

注）主要出現種は, 各調査地点の最大湿重量を表した出現種（上位 5 種）

二枚貝類が見られたが, それ以外の季節には, ほとんど無生物であった. この海域では冬期以外は A.P.-1.5m 以深では貧酸素状態になり（図 8·8）, この点からも水深が浅く貧酸素の影響を受けにくい干潟・海浜を造成することが重要であることがわかる.

③**生物相の遷移**　大森ふるさとの浜辺公園の当初の生物相変化の予測は, 造成後 5～10 年で「泥の多い砂泥」のゴカイ類, シオフキ, ホトトギスガイ, アサリを中心とする生物相が形成されると考えられていた [11]（表 8·2）. 実際には予測より早く, 造成 3 ヶ月後には周辺の森が崎干潟や大井中央海浜公園の干潟などのようなゴカイ類を中心とする生物が見られるようになった [9]. その後は激しい増減を繰り替えつつも, 当初の予測とはやや異なる淡水の影響の強い場所にも出現する種が増加していった.

人工干潟を造成した場合, 1.5 年程度の比較的短期間で種が出そろうとの報告 [12] もあるが, ここでは干潟造成後 6 年を経過しても出現種の急減や優占種の交代が見られ, 生物の出現状態は不安定である. 水質の変動の大きい大都市周辺の干潟では, 特にこのような傾向があると考えられる. また, 他地点の人工干潟などでも 10 年にのぼるモニタリングが行われている事例もある [13] ので, 今後とも長期の経過観察が必要である.

4) 魚　類

魚類調査は，大森ふるさとの浜辺公園が施工中の1992年より，毎年2月・6月・10月に実施している．調査方法は，船上および岸辺・浅場からの投網と，浅場でのタモ網による採取である．なお，2007年4月の開園後の調査日には，公園の来園者に対しても採取された魚類の説明を行っている[14]．

魚類は石積護岸や干潟に投石した部分，および侵食などにより凹凸などの地形変化が発生した場所に多い傾向が見られた[14]．出現種は干潟や海浜の施工前から完成後で顕著な相違は見られず，特にボラ，スズキ，マルタ，サッパなどの遊泳力の大きな魚類はいずれの調査時にもほとんど確認された．また，ハゼ類など砂泥を生息場とする魚種の確認種数が増加している傾向が見られた(表8・3)．

なお，海浜の完成後は，4〜5月に海浜の汀線付近にハゼ類とみられる稚魚が多数確認されたが，これらは未調査であり，今後稚魚ネットなどを用いた調査が望まれる．

表8・3　大森ふるさとの浜部周辺で確認された魚類[14]

区分	調査日	ボラ	スズキ	マルタ	サッパ	チチブ	コノシロ	ビリンゴ	マハゼ	アベハゼ	マサゴハゼ	アゴハゼ	スジハゼ	チチブ属	カタクチイワシ	メナダ	セスジボラ	シモフリシマハゼ	アシロハゼ	マコガレイ	コトヒキ	ミミズハゼ	ヒナハゼ	ドロメ	ウキゴリ属	ニクハゼ	アカエイ	クロダイ	ヒイラギ	イシガレイ	マゴチ	キチヌ	出現種数
着工前	1999/2/24	○	○	○	○	○			○				○																				8
着工前	1999/6/27	○	○	○	○	○	○	○	○	○		○	○					○															12
着工前	1999/10/26	○	○	○	○	○	○	○	○	○	○	○	○	○																			13
施行中	2000/2/17	○	○	○																													3
施行中	2000/6/28	○	○	○	○	○	○	○	○	○	○	○	○	○																			13
施行中	2000/10/29	○	○	○	○	○	○	○	○	○	○	○	○	○																			13
施行中	2001/6/28	○	○	○	○	○		○	○	○		○						○		○		○											13
施行中	2001/10/25	○	○	○		○	○	○																									7
施行中	2002/6/24	○	○	○	○	○	○		○				○								○												11
施行中	2002/10/25	○	○			○		○	○																								5
施行中	2003/6/28	○	○	○	○	○	○	○	○	○		○						○															11
干潟海浜完成後	2003/10/5	○	○			○	○	○	○																								7
干潟海浜完成後	2004/6/20	○	○	○	○	○	○	○	○	○	○	○	○	○	○	○	○	○															17
干潟海浜完成後	2004/10/11	○	○		○	○		○	○																								7
干潟海浜完成後	2005/6/20	○	○	○	○	○	○	○	○	○	○	○	○	○				○															13
干潟海浜完成後	2005/10/3	○	○	○	○	○	○	○	○	○	○	○	○					○															12
干潟海浜完成後	2006/6/11	○	○	○	○	○	○	○	○	○	○	○	○	○				○														○	16
干潟海浜完成後	2006/9/29	○	○	○	○	○	○	○	○	○		○	○					○															12

5) 鳥　類

鳥類については，地元の自然保護団体が着工前より継続的に観察している．モニタリングの対象は水辺や干潟で索餌や休憩する水鳥，シギ・チドリ類，カ

モ類，カモメ類である．調査の方法は飛来時期（毎年同時期に複数回実施）におけるポイントセンサス法による種別個体数のカウントである[14]．

このうち，シギ・チドリ類は，毎年4～5月に北へ，8～9月に南への渡りの経由地として干潟を利用し，ここで餌を補給してさらに遠方への渡りに備える．これらの鳥類は主として多毛類や小型甲殻類を餌としており，シギ・チドリ類が多いことは，干潟の生物生産量を間接的に示していると考えられている．

これらの鳥類は施工中には，作業の影響により飛来数が減少したが，干潟の移設が終了した2002年の次のシーズンには再び個体数が戻った．なお，2007年4月の公園開園後は，海浜には常に利用者がいるために飛来数が再び減少した（図8・13）．

ここに出現したシギ・チドリ類のうち，カニ類を餌とするチュウシャクシギや，礫場を餌場とするキョウジョシギの個体数は減少しており，干潟の浸食や植物侵入との関係が示唆されている[14]．また，この地域では全般的に飛来数が減少しているが，温暖化の影響による飛来時期の変化も指摘されている．また，この地域では全般的に飛来数が減少しているが，温暖化の影響による飛来時期の変化も考えられている．

なお，鳥類飛来に関するモニタリングは，その方法の簡易さもあり，各地の干潟でも長期にわたる環境変化を把握する調査として実施されている[15]．

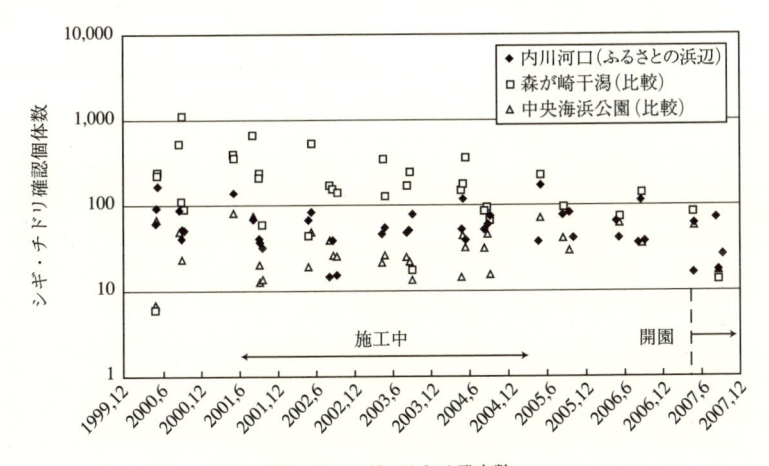

図8・13　シギ・チドリ飛来数

3·3 ノリ生育観察実験

大森地区は1963年の漁業権放棄まではノリ養殖の一大生産地であった．現在も海苔問屋が多く，当時のノリ養殖に関する知識や技術をもつ人々も近隣に住んでいる．これらの人々の提案により，2007年12月より50m^{2}の規模で多摩川産アサクサノリ種苗を用いた生育観察実験が試みられ，20kg（湿重量）の収穫を見た．2008年度のアサクサノリは残念ながら不作であったが，毎年継続してノリの収穫量や生息状況を記録してゆく取り組みは，この海域の水質や環境のモニタリングと位置づけることもできる．

2008年度以降のノリ養殖実験は，地域の区民や海苔産業関係者で組織された「浅草のり生育観察実行委員会」が実施した．さらに，2008年には公園に隣接して，地域の海苔に関連した技術や文化を展示する大田区の施設「大森 海苔のふるさと館」が完成し，ノリ生育観察実験や環境教育の拠点となることが期待されている．

図8·14　アサクサノリ生育観察実験（大田区立郷土博物館提供）

§4. モニタリング結果の集約と反映

以上に述べてきたモニタリング結果は，公園の管理者である大田区（大森まちなみ維持課）に集約される．調査結果は学会などで発表されているほか，区役所でも閲覧できる．NPOが実施しているモニタリング調査では，干潟侵食への対応や微地形を多様化するなどの提案も述べられている．

また，2009年3月28日には，大田区の主催により，この公園をフィールドとしてモニタリングを実施している各主体の調査結果の報告会である「大森ふる

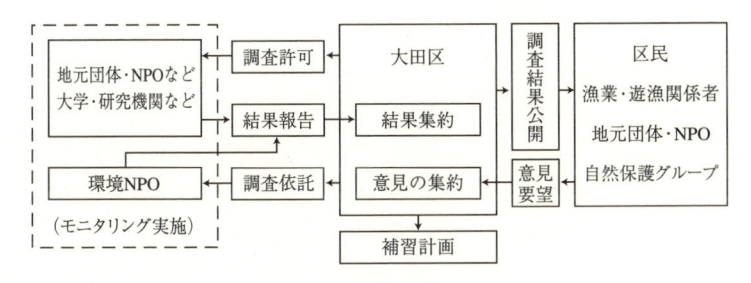

図8·15 モニタリング結果の集約と反映の流れ

さとの浜辺公園シンポジウム」が開催された．このシンポジウムは区の広報により広く一般市民の参加を呼びかけ，参加者と活発な討議が行われた．

これらのモニタリング結果や環境改善の提案を参考に管理方法や補修や改良が検討されることになる（図8·15）．例えば，事前調査により干潟が生物利用空間として重要であることが示唆されたことが，既存波除堤を残しながら，新設干潟を施工する工法の採用に結びついた．また，鳥類の観察結果より，干潟上に散在していた礫や転石がキョウジョシギなどの鳥類の餌場となっていることを明らかにしたことで，干潟表面に礫質を再配置する工法を採用するようになった．なお，完成後，干潟上に配置した小石や転石が沈下や流出してしまい，これらの下のベントスを索餌とする鳥類の減少が懸念された．これに対応するため，干潟表面に転石を補充した（図8·16）．

また，2007年4月の公園のオープンに先立ち，海浜部分において覆砂部分の沈下の修正および水遊び利用者の安全確保のため，L.W.L.以下のA.P.－1.0m以浅の部分に，水深がA.P.＋0.1〜－0.2mになるように土留堤を設置の上，追加盛砂を実施した（図8·17,18[4]）．

水質モニタリング結果より，

図8·16 干潟への転石供給後の状況

A.P.－1.5m の浅場部分の海底でもしばしば貧酸素状態となっていたが，最大干潮線の A.P.±0.0m 付近では貧酸素状況はかなり緩和される．このことから，L.W.L. 付近を覆砂して浅い部分を拡大することは，生物にとって貧酸素時から逃れるシェルターを提供する点で大きな改善になると考えられる．

図8・17　海浜追加盛砂後の状況

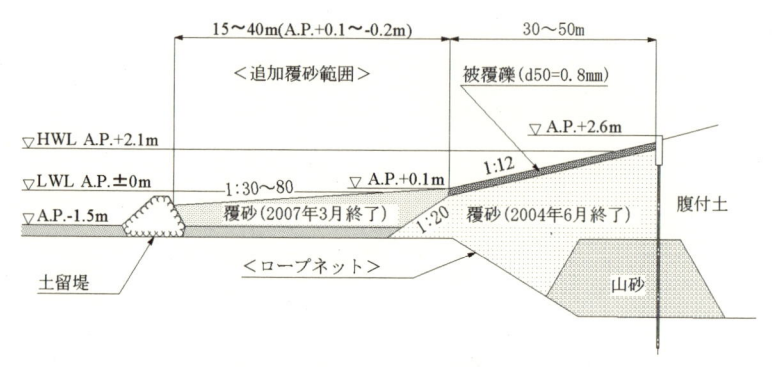

図8・18　開園前の海浜追加覆砂状況[8]

§5. 将来に向けて

　大森ふるさとの浜辺公園は，大都市の低利用水域を自然再生し，人々の憩いの場所を提供した事例である．現在この公園は，近隣の多くの人々に活発に利用されている（図8・19）．また，再生された浅場では，地元の旧海苔漁業者も参加したアサクサノリ生育観察実験や，地元NPOによるアマモ移植実験も行われている．しかし，周辺水域の水質は良好とは言えず，しばしば淡水や貧酸素水の来襲が見られる．また，浅場海域は静穏であるために細粒分が堆積しやすく，現在は砂浜である部分も，徐々に泥分が増加してゆくであろう．干潟・海浜の生物相は，出現量の急減や優占種の交代がしばしば見られ，安定しているとは言い難い．

図 8·19 現在の大森ふるさとの浜辺公園

これらは，大都市の運河水域に作られた環境としてやむを得ないことである．しかし，このような過酷な環境であっても，現在それなりの生物が生息している．今後とも環境モニタリングを継続し，生物相の発達状況を見守り，必要に応じて環境を改善してゆく必要がある．

　この公園はその設立の経緯から，多くの区民や自然保護グループなどが関わっており，これらのメンバーがモニタリングに参加していることが特筆すべき点である．また，このような活動の拠点となるべき「大森海苔のふるさと館」も整備されている．今後，継続的にモニタリングを実施してゆくためには，人材や資金の確保を考えなくてはならない．

　現在，それぞれの主体が実施しているモニタリングは，その結果が相互に比較検討するまでには至っておらず，ようやく各調査主体が集まって結果の報告会が始まった段階である．今後はそれぞれのデータを互いに議論しつつ比較検討を行ない，モニタリング結果を干潟・浅場・海浜の改善，および生物相の達成目標の設定や目標の見直しに活かしてゆく仕組みを作ることが望まれる．

謝　辞

　大森ふるさとの浜辺公園で各種モニタリングの実施をご快諾いただいた，大田区大森北地域行政センターまちなみ整備課（現大森まちなみ維持課）の皆様，モニタリング調査を実施した東海大学海洋学部海洋生物学科の学生の皆様，および海苔養殖実験について情報提供をいただいた大田区立郷土博物館の藤塚悦司学芸員に，この場を借りて御礼申し上げます．

文献

1) 海の自然再生ワーキンググループ.「海の自然再生ハンドブック 第2巻干潟編」ぎょうせい, 2003; 15-19.
2) 古川恵太, 岡田知也, 東島義郎, 橋本浩一. 阪南2区における造成干潟実験-都市臨海部に干潟を取り戻すプロジェクト-, 海洋開発論文集 2005; 21: 659-664.
3) 諸星一信, 鈴木信昭, 今村 均, 古川恵太, 亀山豊, 木村 尚. 自然再生・利用・防災機能の向上のための都市型干潟・磯場の整備計画, 海洋開発論文集 2008; 24: 759-764.
4) 伊藤清司郎. 海と文化の再生を求めて-(仮称) 大森ふるさと浜辺公園整備事業-, 土木施工 2004; 45 (7): 16-21.
5) 里見 勇, 藤沢康文・五十嵐美穂. 大森ふるさとの浜辺整備事業-事業実施と合意形成のプロセス-, 海洋開発論文集 2004; 20: 299-304.
6) 岡村知忠, 中瀬浩太, 佐藤正昭, 小寺一宗. 人工干潟造成工事に伴う干潟環境の変遷について, 海洋開発論文集 2004; 20: 419-424.
7) 東京都環境局. 公共用水域水質測定果, Web公開資料: http://www2.kankyo.metro.tokyo.jp/kansi/mizu/sokutei/sokuteikekka/kokyou.htm, 2009
8) 中瀬浩太, 金山 進, 木村賢史, 山本英志. 都市内湾域に再生された浅場・干潟の環境モニタリング, 海洋開発論文集 2008; 24: 765-770.
9) 岡村知忠, 中瀬浩太, 里見 勇, 藤沢康文, 木村賢史. 大都市沿岸に再生された干潟・海浜の生物群集適評価, 海洋開発論文集 2005; 21: 647-652.
10) 中瀬浩太, 金山 進, 木村賢史, 山本英司, 石橋克己. 閉鎖性海域に造成した人工干潟に関する基礎調査, 海岸工学論文集 2006; 53: 1071-1075.
11) 大田区. (仮称) 平和島運河その2埋立整備基本計画環境調査報告書 1992: 29-30.
12) 国分秀樹, 奥村宏征, 上野誠三, 高山百合子, 湯浅城之. 英虞湾に於ける浚渫ヘドロを用いた干潟造成実験から得られた干潟底質の最適条件, 海岸工学論文集 2004; 51: 1191-1195.
13) 海の自然再生ワーキンググループ:「海の自然再生ハンドブック, 第2巻干潟編」, ぎょうせい 2003: 100-101.
14) 大田区. 平成19年度平和島運河環境調査報告書 (概要版) 2008: 1-28.
15) 高田 博・和田太一. 沿岸域の湿地再生と保全-大阪南港野鳥園の事例, (森本幸裕・夏原由博編)「いのちの森生物親和都市の理論と実践」(森本幸裕・夏原由博編) 京都大学出版会 2005: 214-239.

9章 アマモ場を核とした浅場漁場の順応的管理

鳥 井 正 也[*]

　岡山県における海面の特徴は，海域面積が約800km^2（瀬戸内海総面積の約3.4％）と狭い上に，その85％以上が水深20m以浅と非常に浅いことである．また，静穏で水深の浅い多島海域であるため，三大河川（高梁川，旭川，吉井川）の流入による陸域からの豊富な栄養塩類の供給と複雑な潮流環境の恩恵を受けて高い生産性が維持されている[1]．

　しかし，高度経済成長期を中心に行われた埋め立てや干拓などの沿岸開発によって，魚介類の育成場として，また水質浄化の場として重要な干潟や藻場が広い範囲で消滅した．1920年代には，海域面積の約1割に当たる約4,000haの干潟と約4,300haのアマモ場が確認されているが，1989年には干潟は559ha，藻場は934haまで減少した[2,3]．この中でも，埋め立てや干拓によって直接的に消滅した藻場の面積は，全分布面積の約40％に相当する1,705haにも及んだ．干潟や藻場の消失によって，浅場を成育の場とする多くの魚介類が減少するとともに，藻場や干潟が提供していた海域の水質浄化機能も低下したことで水質環境や底質環境の悪化が深刻化した．

　アマモ場は，1989年に549haまで減少したが，1980年代から漁業者が中心となり各地で保全や再生へ向けた取り組みが行われた結果，2007年には1,221haまで回復した（図9・1）．これに伴って，アマモ場に関連が深い，マダイやコウイカ，ガザミ（ワタ

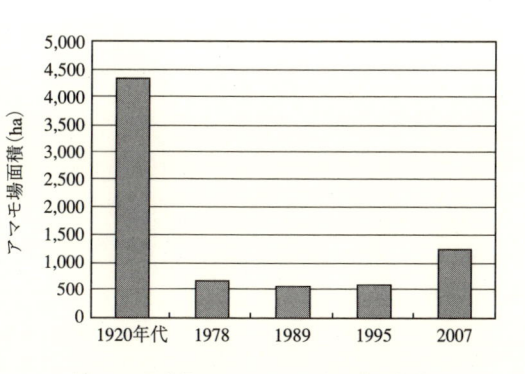

図9・1　岡山県におけるアマモ場面積の推移

---

[*] 岡山県農林水産部水産課

リガニ）など一部の魚種の漁獲量は増加しつつあるものの，未だ多くの魚種については，資源の回復がみられていない．

アマモ場は，特に魚介類の幼稚仔の発生・育成場として当該域の水産資源の増殖に大きく寄与していることは明白であるが，一方で，アマモ場はあくまでも海域環境を構成する一要素に過ぎないことも事実である．水産資源の回復を図る上で最も重要な課題は，海域の環境特性を十分に生かしながら，対象となる魚介類が一生を通じて成育できる場づくりをどのように計画し実施するかに集約される．

本章では，この点に主眼を置いて，詳細な海域・生態調査に基づいて計画を策定し，継続的にモニタリングを行いながら，設計や施工の改善に反映させる順応的管理手法を導入した事例について紹介する．

§1. 岡山県におけるアマモ場再生の必要性と漁場造成における基本的な考え方

岡山県の海面は，水深の浅い泥底が大半を占めていることから，三大河川を通じて供給される豊富な栄養塩類を円滑に生物生産に転嫁していくためにも干潟や藻場の存在が重要である．特に，沿岸開発が進められる前には，海域面積の約5％に当たる4,300haがアマモ場であったことを考えれば，本県の海域では，ずっと以前よりアマモ場が生物生産の起点になっていたものと考えられる．水産資源の回復には，魚介類の産卵・育成の場となる浅場の環境修復が必要であるが，岡山県では，過去に失われたアマモ場の再生が環境修復のための基礎になると期待され，優先すべき重要な課題に位置付けられている．

また，環境修復を進める上では，修復の対象となる海域の特性を十分に把握し，その特徴を生かすことで海域が本来有する機能を回復させることが必要であり，対象海域を成育の場とする魚介類が，一生を通じて生活できる場づくりを目指すことが重要である．このためには，海域環境や生物調査を広域かつ詳細に実施し，得られた結果を適切に評価した上で対策の検討を行うべきである．さらに，計画に基づいて着実に事業を実施するとともに，事業の実施期間中や完了後に継続的にモニタリングを実施し，事業の効果を適切に評価するとともに，必要に応じて実施中の事業においても設計や施工方法の改善に反映させてゆくほか，今後の事業立案に反映させていくことも重要である[4]．

§2. アマモ場再生を柱とした漁場造成の事例
2・1 日生地区での取り組みの背景

　岡山県東部の備前市沖合に位置する日生諸島周辺海域は，水深が15m以浅の平坦な泥底域である．日生諸島周辺海域におけるアマモ場の変遷を図9・2に示す．当海域には，かつて広大なアマモ場が存在し（1940年代には約590ha），ここで成育した多くの魚介類が周辺地域の漁業生産を支えていた．しかし，これまでに行われてきた沿岸開発などの影響によって，1985年には僅か12haと9割以上のアマモ場が消滅しており，これが海域環境の悪化に拍車をかけて漁業生産も減少の一途を辿った．

　アマモ場の減少は1970年代に急激に進行したといわれているが，その当時は，全国で栽培漁業の取り組みが始められた頃であり，当地区でも他県同様にヒラメやガザミの人工種苗を地先に放流する活動が続けられた．しかしながら，放流による成果は思わしくなく，放流した稚魚が成魚になって戻ってくるという実感が得られなかった．かつては，"稚魚が自然に湧いて出てくる"と言われるほど豊かであった海が，稚魚を放流しても育たない海へと変化してしまった原因は何か，漁業者が真剣に考えた結果，アマモ場の衰退に他ならないとの結論に至った．

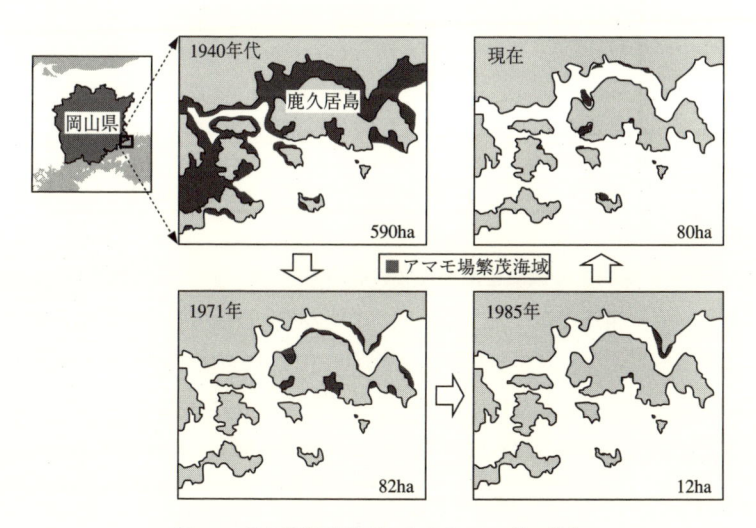

図9・2　日生諸島周辺海域におけるアマモ場の推移

2・2 取り組みの経過

　日生地区では，アマモ場の衰退にいち早く危機感を募らせた小型定置網漁業者が中心となって，1985年から20年以上にわたって，アマモの播種を始めとしたアマモ場再生の取り組みを続けている．1979年から岡山県水産試験場において，アマモの種子採取・選別技術の開発が進められ，これらの技術を習得した漁業者が，春に天然のアマモ場から花枝を採取し，これを秋まで小割生簀内で保管し，秋に選別・散布する作業を行っている（表9・1，図9・3，図9・4）．かつてアマモ場だった場所を中心に，これまでに6,500万粒以上の種子を播いてきた努力が実って，2006年頃から徐々にアマモ場が復活し始め，現在では，アマモ場が最も衰退した1985年頃の6倍以上に当たる80haまで回復した（図9・2）．これに伴って，一時は幻の魚となっていたクマエビやアイゴなどが市場にあがるようになってきた．現在，この取り組みは，高齢化している定置網漁業者から若い漁業者へと継承されつつあり，今後も活動が続けられることになっている．

表9・1　これまでの取り組みの経過

年　度	備　考
昭和54年度～	水産試験場による調査研究
昭和60年度～	漁業者によるアマモ場造成の取り組み
平成4年度	効率的な播種法（土のう式播種法）の開発
平成6～8年度	土のう式播種によるアマモ場造成試験の実施
平成10～13年度	アマモ生育条件調査→生育条件の数値化
平成13年度	再生事業の計画策定（専門家委員会で検討）
平成14年度	事業着手（アマモ場再生は平成17年度から）

2・3　アマモ場再生の概念と漁場造成の進め方

　漁業者の取り組みと併せて，県はアマモ場の消失要因の特定を進めるとともに，これら消失要因に対する具体的な改善策の検討を進めた．日生諸島周辺海域において，漁業者とともにアマモの播種試験を繰り返し実施したところ，播種のみで回復が見られる比較的環境が良好な場所と何らかの環境要因の変化によってアマモの生育に適さなくなった場所が存在することが明らかになった[5]．さらに，漁業者が行っている船上からの直接播種よりも確実性の高い，土のう

図9・3　土のう式播種マットの敷設　　図9・4　アマモ場再生の取り組み体制

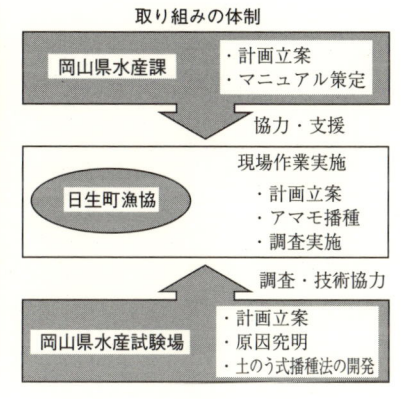

式播種マット法（生分解糸と綿糸で編んだマット中にアマモ種子と黒ボク土や肥料などを注入したものを海底に敷設する方法）を開発した．1998年からは，(社)マリノフォーラム21と共同で，当地区をフィールドとしたアマモの生育条件調査を実施し，アマモにとって好適な生育条件を定量化する試みに着手した．この調査を基に，過去にアマモ場が消失した要因を分析した結果，海水中の濁りの増加に伴う透明度の低下により，水中光量が低減することでアマモの生長が阻害されること，また，波浪や流れにより，海底の砂面が移動するなどしてアマモ草体が流出することでアマモ場が消失することが明らかになった．この対策として，濁りに対しては，海底面を嵩上げして光が届く範囲を拡げる対策を，また，波浪に対しては消波対策を講じることが有効であると考えられた（図9・5）．

　アマモ場再生の基本的な考え方は，現時点でアマモ場が存在していない場所では，アマモの生育を阻害している何らかの環境要因が存在しており，それを明らかにした上で，アマモの生育が可能な環境に改善することができればアマモ場を回復させることが可能であるということである．これらの成果を基に，2001年には，アマモ場再生に向けた現地調査の方法や，対象とする場所がアマモの生育に適した環境か否かの評価（適地評価），さらには再生事業の進め方などを具体的に示した汎用性あるマニュアルである「アマモ場造成技術指針」を策定した[6]（図9・6）．この中では，図9・7に示すとおり，アマモ場再生事業に着

手するに際し，事業構想の段階から整備計画に至るまでに，詳細な基礎調査を実施し，これに基づいた適地評価を行い，事業の中止もしくは再検討も含めた計画の妥当性を評価することとするフローを示した．

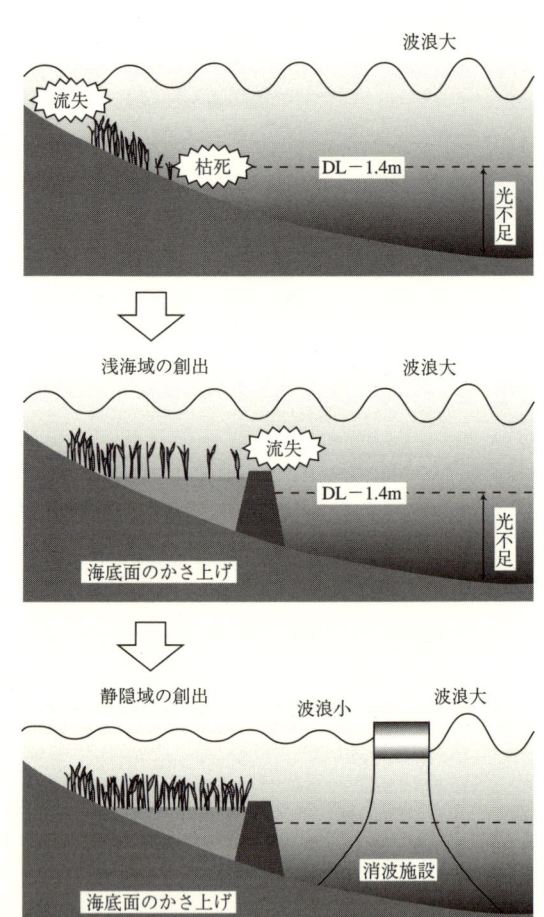

これら長年にわたる調査研究により，日生諸島周辺海域における環境データや生物的な知見を豊富に入手することができたことから，これらを基に2001年には，アマモ場の再生（アマモの好適生育環境の整備）を柱とする広域的な漁場造成の構想づくりを始めた．前述のとおり，漁場造成で最も大事なことは，アマモ場で育った魚介類が一生を通じて生息できる場

図9・5　アマモ場再生の概念

づくりであり，魚介類がどのように成長し移動するのか，また，どのような場所が生息の場に相応しいのか，さらには，移動・成長の過程でアマモ場がどのように利用されているかなどを広い視野で捉えることにした．この検討に際しては，専門家で構成される委員会を設置し，現地調査や漁業者からの聞き取り結果などを基に，資源回復の対象となる魚類の生態や時期別・成長段階別の分布状況を魚種ごとに整理し，魚類の移動過程や分布範囲を大まかに把握した．対

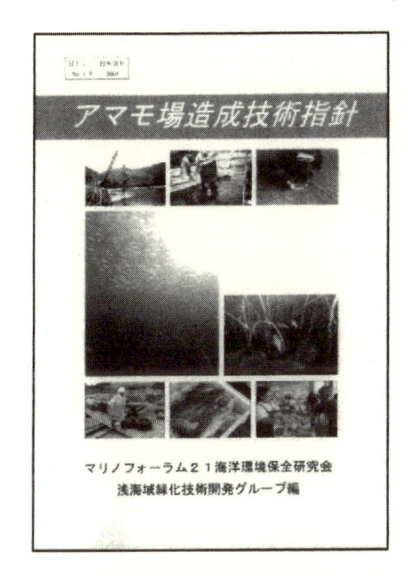

9章 アマモ場を核とした浅場漁場の順応的管理 151

図9・6 技術指針

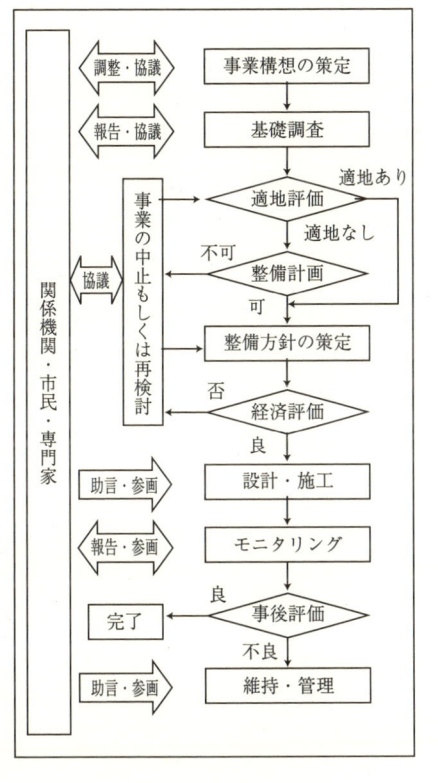

図9・7 技術指針のフロー

象魚種の1つであるマコガレイの例では，日生諸島沖合で冬季に産卵された後に，春季の南風に乗って浮遊仔魚が日生諸島沿岸に来遊し着底する．その後，沿岸部のアマモ場などで成育した後に沖合へと移動しながら分布域を拡大していくことを図に整理した（図9・8）．

これらに基づき，対象海域のゾーニングを行った上で，現状で不足している場の環境条件を整理した（図9・9）．すなわち，対象種が着底する場として「海域環境修復ゾーン」を，さらに，着底後の幼稚魚の餌場や隠れ場を提供するための「魚介類（幼稚仔魚）保育ゾーン」を配置した．さらに，その沖合には遊泳力の増大に伴う分布域の拡大に応じて，「魚介類誘導・滞留ゾーン」を配置して，未成魚から成魚の育成場を確保することとした．

これらの検討を基に，水深の浅い場所ではアマモ場の再生を図るとともに，これに続く水深のやや深い場所には，魚の隠れ場や餌場として有効な構造物（魚礁）を密に配置した．さらに，移動・成長の過程で外敵からの食害を防止する

152

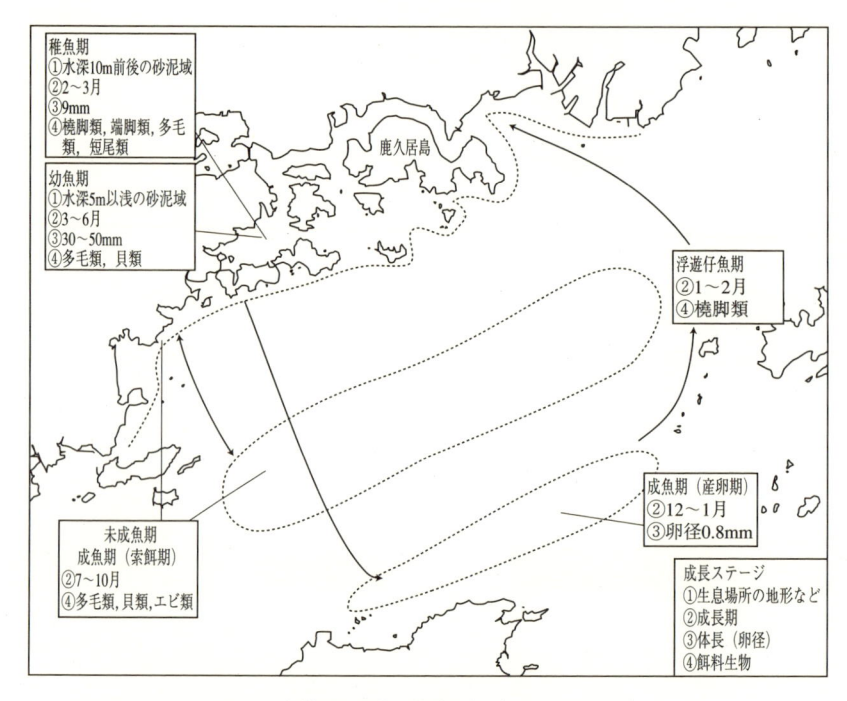

図9・8 魚種別の生態と移動分布(マコガレイの例)

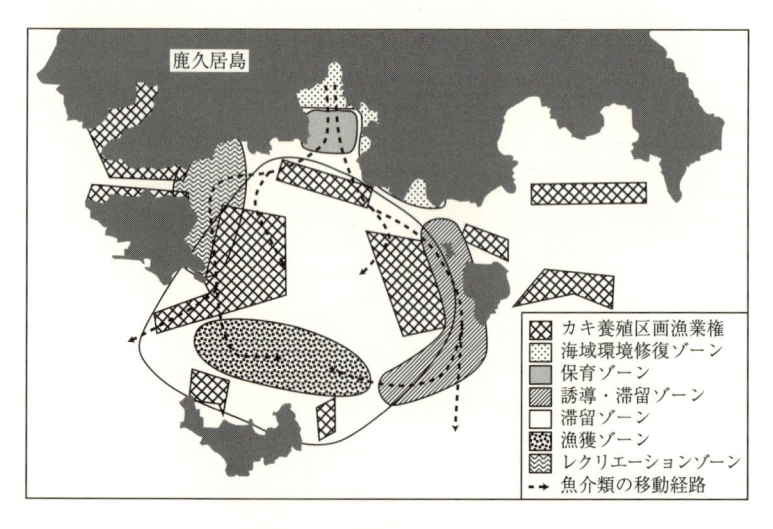

図9・9 対象海域のゾーニング

ための魚礁や，成魚の生息に適した魚礁を連続して配置することにした．その沖合には，アマモ草体の流出防止や静穏域の確保を図るために消波施設を設置することとした（図9・10）．また，日生諸島周辺海域には，多くの島々が存在し，カキ養殖に適した環境を有していることから，カキ養殖筏が多く配置されている．カキ養殖筏は多数の垂下連によって複雑な立体構造を呈しており（図9・11），成魚の生息・餌場としても極めて優れていることから，消波施設の設置により静穏域を創出することで，成魚の生息空間としての養殖筏の安定的な配置を可能とした．

　この事業は2002年に着手し，これまでに幼稚魚の保護・育成を図るための魚礁の設置や消波施設の設置などを進めてきたが，2005年からはアマモ場再生のための順応的管理手法の導入について検討し，2008年よりアマモ場再生のため

図9・10　東備地区広域漁場整備事業のイメージ図

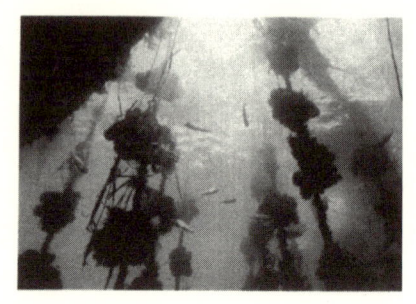

図 9·11　カキ養殖筏の構造

の基盤整備（浅場の造成）を進めている．

2·4 漁場造成への順応的管理手法の導入

　漁場造成という大がかりな工事は，海の環境を人為的に変える行為に他ならないため，より失敗が少ない，必ず誰かが責任をもって推移を見続け，いつでも軌道修正ができるような仕組みづくりが必要である．このため，2005年にアマモの生態や再生技術などに関する専門家で構成する「東備地区広域漁場整備事業アマモ場造成技術検討会」を設置し，これに漁業者や水産試験場の研究者を加えて，その仕組みづくりについて検討を始めた．ここでは，アマモ場造成に着手する前に，①どんなアマモ場をどの程度造るのかという詳細な目標を設定するとともに，②アマモの生育を阻害している要因を確実に緩和するための設計・施工計画の策定，③目標の達成状況を評価するためのモニタリング手法と，仮に目標を下回った場合の維持管理計画を策定することにした．検討の結果，①の目標設定の検討においては，目指すべきアマモ場を質的な目標（分布の濃淡：株密度を指標とする）と量的な目標（分布の拡がり：分布面積を指標とする）に分けて，それぞれに数値目標を設定した．なお，一般的にアマモ場は年ごとの環境変化に応じて，その分布形態が大きく変動することがわかっている．このため，目標の評価に当たっては，あくまでも天然アマモ場に対して造成したアマモ場がどの程度になるかを判断基準とした．また，②の設計・施工計画の検討では，アマモ生育条件を満足する設計となっているかを綿密に確認するとともに，海底面の凹凸を極力均一化するなどの施工面で特に配慮を要する項目を抽出した．さらに，この設計条件を基に，再生箇所ごとの施工計画（手順）や使用する材料の選定を行った．③の維持管理計画については，①で設定した目

標に応じて，モニタリングの時期や方法などを計画するとともに，本計画に従って実施した調査を目標と比較して評価を行うこととした．さらに，この評価に基づく維持管理の方法を示す維持管理基準を設定した．維持管理の方法としては，アマモの生育状況の把握に併せ，造成した浅場の安定状況を調査するなどして，補修の要否を検討することとした．

目標設定から工事・モニタリング（追跡調査）・維持補修などの実施，さらには，これらの知見を他の工区の設計・施工に反映させ，改善させていくといった一連の工程をアマモ場再生のための順応的管理手法として位置付けて本事業に導入することとした（図9・12）[7,8]．

2009年から同手法を実践しており，今後の知見の集積と，検討会における検討を積み重ねていくことで，随時手法の見直しを進めていき，当地区に合ったより精度の高い手法として改善していくこととしている．

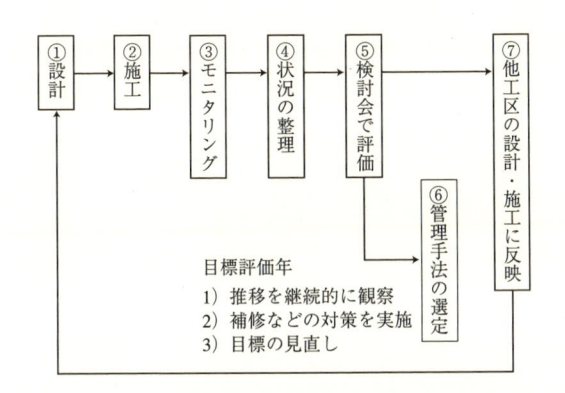

図9・12 本事業に導入した順応的管理手法の仕組み

§3. 今後の展開

今後の展開としては，本事業の計画的な実施はもとより，検討会で策定した順応的管理手法を関係者が着実に遵守し，定着させるための体制を早急に構築していくこととしている．これら，計画から工事，モニタリングおよび評価，維持管理に至るまでの各工程が円滑に，かつ有機的に関連し合って事業が進められていくような体制づくりを進めるとともに，これらの事例を1つでも多く積み重ね

ていくこととする.

　一方,本事業で採用した浅場造成に対しては,未だに浚渫土砂の処分目的の事業であるとの誤解を受けやすいのも事実である.浅場造成は全国的にも事例が少なく,わずかな事例についても,追跡調査が継続的に行われていないか,行われていてもその結果が公にされる機会が少ないことが誤解の要因であることから,今後は,成功事例を着実に増やしていくことが必要である.本事業においても,得られた知見をもとに,浅場の価値と必要性を広く普及していくこととしている.このような意味でも本事業は全国のモデル事業として注目されていることから,定期的に検討会を開催し,専門家や漁業者からの意見を聴取しながら,確実な事業の実施を図っていくことにしている.

　さらに,今後のアマモ場再生に当たっては,漁業者や行政だけが行うのではなく,未来の海域環境保全の担い手となる子供達や一般市民の参加による活動が不可欠となっている.現在,東京湾を中心に,市民によるアマモ場再生活動が展開されており,これらの先進事例を参考にしつつ,また,活動組織間での情報交換を進めることも必要である.さらに,これらの活動をより広域的に展開していくためには,活動の役割分担が必要である.一般市民においては比較的参加しやすいアマモ播種などの活動から始め,徐々に主体性をもった活動へと発展させていくことが望まれる.海域環境を人為的に変えるという非常に難易度の高い生育基盤の整備(場づくり)は行政が責任をもって担い,種苗の供給などは長年の経験をもつ漁業者がリーダーとなった上で,市民にもその一翼を担っていただくといった役割分担が新たな展開としてあげられる.

文献

1) 岡山県.岡山県水産振興プラン 2001.
2) 岡山県.第2回自然環境保全基礎調査.干潟・藻場・サンゴ礁分布調査報告書, (1978).
3) 環境庁.第4回自然環境保全基礎調査.海域生物環境調査報告書, (1994).
4) 中村由行,村上晴通,細川真也.尼崎港に造成された人工干潟における順応的管理手法の適用性に関する研究,港湾空港技術研究所資料　2006:1127.
5) 田中丈裕.アマモ場再生に向けての技術開発の現状と課題,関西水圏環境研究機構第11回公開シンポジウム, (1998).
6) (社)マリノフォーラム21.アマモ場造成技術指針, (2001).
7) 岡山県.東備地区広域漁場整備事業アマモ場造成技術検討会報告書, (2007).
8) 岡山県.平成19年度東備地区広域漁場整備事業アマモ場造成技術検討会報告書, (2008).

索 引

〈あ行〉
浅草のり生育観察実行委員会　140
浅場　3, 9
　──づくり　28
アサリ　10, 15, 49
アマモ　25, 49
　──場　72, 145
　──場造成技術指針　149
　──保護区　82
石積護岸　138
移植・放流　18
磯焼け　10, 107, 109
　──対策ガイドライン　108
　──の発生原因　111
ウニ　10, 110
　──除去　120
ウバガイ　10
海づくり　71, 84
海の守人　91
HEP　47
SIモデル　49
エスノグラフィー的アプローチ　104
エゾシカ管理計画　34
越境的環境問題　102
HISモデル　29, 47
NPO法人海辺つくり研究会　74
沿岸漁場整備開発事業　20
大森海苔のふるさと館　131, 143
大森ふるさとの浜辺公園　126
　──浜辺を育てる会　127

〈か行〉
海域環境修復ゾーン　151
海岸侵食　13
海岸法　88
海水浄化ワークショップ　85
改定管理方式　33
海洋基本計画　90
海洋基本法　90

カキ養殖　153
仮説検証型　27
河川法　89
金沢八景－東京湾アマモ場再生会議　74
環境改善　18
環境学的確率性　12
環境収容力　4, 18
環境創出　18
環境評価手法　47
環境守人　101
緩傾斜護岸　97
木野部海岸事業　100
共同管理　40
強熱減量　133
魚介類保育ゾーン　151
魚介類誘導・滞留ゾーン　151
漁業権　17, 90
漁業就業者数　16
漁業補償　90
局所個体群　22
漁港漁場整備法　88
魚食普及　124
合意形成　29, 40
工事連絡会　127
高度経済成長　3, 145
港湾法　89
コーディネータ　66, 68
ゴカイ　49
国際自然保護連合　39
国際捕鯨委員会　33
国土形成計画　89
国連海洋条約　35
心と体を癒す木野部海岸事業懇話会　97
コンブ　9, 108
コンフリクト　79

〈さ行〉
栽培漁業教室　84
サザエ　10

笹ひび　95
サンゴ　124
サンドバイパス工法　24
資源管理　18
地先型増殖場　22
自然海岸　13
自然再生事業　44
自然再生推進法　59
自動更新性基質　26
子嚢斑　108
自発的市民活動　64, 67
市民参加　59, 61, 70, 72, 94
　　──型藻場・干潟造成マニュアル　59
社会的割引率　21
順応的学習　33, 34
順応的管理　28, 33, 41, 76,
　　──手法　112, 155
植食性魚類　124
知床　39
シンク個体群　24
人口学的確率性　12
人口干潟　53, 126
人口リーフ　13, 24
水産基盤整備事業　20, 58
水産基本法　88
水産資源の自律更新性　17
生殖器床　108
生態系管理専門委員会　43
生態系の連続性　46
生物学的許容漁獲量　35, 36
生物多様性　78
　　──保全　35
世界自然遺産　39
セットバック　93
浅海増殖開発事業　20
想定内　42
粗放的技術　25

〈た行〉

多セクター協働　96, 104
TAC　18, 36
縦スリット型藻礁　26
多様な主体　28
地域知　97, 102, 104
地域力　60, 65, 68
竹沈床　54
チゴガニ　49
抽象的な理念　41
底生生物　134
転石ブロック　54
伝統漁法　95
東備地区広域漁場整備事業アマモ場造成技術
検討会　154
特別採捕許可　123
都市臨海部に干潟を取り戻すプロジェクト　50
土のう式播種マット法　149
土留堤　142
トレードオフ　36

〈な行〉

中津港大新田地区環境整備懇談会　92
中津干潟　91
日生諸島　147
ノリ養殖　79, 140

〈は行〉

播種　73, 148
場づくり　71
幅広低天端消波堤　99
パラダイムシフト　30
非可逆的な　13
　　──衰退　24
干潟ネットワーク　46
費用対効果分析　21
漂流・漂着ゴミ　15, 101
貧酸素状態　133, 137, 142
フィードバック　18, 65, 94, 76, 113
　　──制御　33, 34

フィルターネット　54
不確実性　12, 37, 42
福江島　102
覆砂　25, 129
浮遊幼生　14
分散システム　23
分散率　15, 24
ベルトトランセクト　116
変動性　12, 27
ポイントセンサス法　139
ホソメコンブ　11, 121
ボランティア　60, 81, 119
ホンダワラ　108

〈ま行〉
マイワシ　38
マコガレイ　151
ミチゲーション　25, 47
無節サンゴモ　110
メタ個体群　23
目標達成型　27
モニタリング　29, 101, 112, 130
藻場　108

〈や行〉
遊漁者数　16
よこはま水辺環境研究会　72
ヨシ　49, 50

〈ら行〉
離岸堤　13, 24
リスク管理　36
硫化物量　133
レクリエーション　16, 83

本書の基礎になったシンポジウム

平成20年度日本水産学会水産環境保全委員会シンポジウム
「水産環境の不確実性に応じた漁場造成のパラダイムシフト—順応的管理による浅場づくりのはじまり」
企画責任者：瀬戸雅文（福井県大生物資源）・桜井泰憲（北大院水）・清野聡子（東大院総合文化）

開会の挨拶　　　　　　　　　　　　　　　　　　　　　　山本民次（広大院生物圏科）

研究会企画趣旨説明　　　　　　　　　　　　　　　　　　瀬戸雅文（福井県大生物資源）

I　順応的管理の理念と漁場造成への導入プロセス
　　　　　　　　　　　　　　　　　　　　　　座長　櫻本和美（海洋大）
1. 順応的管理の理念と生態系管理の課題　　　　　　　　松田裕之（横浜国大環境情報）
2. 資源管理における順応的管理の事例紹介—知床を例として　桜井泰憲（北大院水）
3. 水産基盤整備事業における順応的管理の導入　　　　　佐藤昭人（水産庁整備課）

II　順応的管理による浅場づくりのための要素技術と体系化
　　　　　　　　　　　　　　　　　　　　　　座長　田中章（武工大環境情報）
4. 生息場適性指数を用いた岩礁性藻場の予測と順応的管理　三浦正治（海生研）
5. 生態系の連続性を考慮した生物生息地環境評価手法の開発　林文慶（鹿島建設）
6. 人工干潟の環境変化モニタリング　　　　　　　　　　中瀬浩太（五洋建設）
7. 順応的にすすめる岩礁性生態系の修復　　　　　　　　綿貫啓（アルファー水工コンサルタンツ）
8. 市民・漁業者・行政の合意形成プロセス　　　　　　　清野聡子（東大院総合文化）

III　増養殖場造成における順応的管理のさきがけ事例
　　　　　　　　　　　　　　　　　　　　　　座長　伊藤靖（(財)漁港漁場漁村技研）
9. アマモ場を組み込んだ漁場造成の実践　　　　　　　　鳥井正也（岡山県農林水産部）
10. 市民参加による海づくりの推進　　　　　　　　　　　工藤孝浩（神奈川水技セ）
11. 漁業者との協働による環境保全と養殖漁業管理　　　　林和明（北海道栽培公社）

総合討論　　　　　　　　　　　　　　　　　　　　　　　瀬戸雅文（福井県大生物資源）

閉会の挨拶　　　　　　　　　　　　　　　　　　　　　　深見公雄（高知大院総合人間科）

出版委員

稲田博史	岡田　茂	金庭正樹	木村郁夫
里見正隆	佐野光彦	鈴木直樹	瀬川　進
田川正朋	埜澤尚範	深見公雄	

水産学シリーズ〔162〕　　　　　定価はカバーに表示

市民参加による浅場の順応的管理

Adaptive Management of Shallow Waters with
Participation of Local People and Communities

平成 21 年 10 月 1 日発行

編　者　　瀬戸雅文

監　修　　社団法人 日本水産学会

〒 108-8477　東京都港区港南 4-5-7
　　　　　　東京海洋大学内

発行所　　〒 160-0008
　　　　　東京都新宿区三栄町 8
　　　　　Tel 03 (3359) 7371
　　　　　Fax 03 (3359) 7375
　　　　　株式会社 恒星社厚生閣

© 日本水産学会, 2009.　印刷・製本　シナノ

好評発売中

水産学シリーズ 161
アサリと流域圏環境 —伊勢湾・三河湾での事例を中心として

生田和正・日向野純也・桑原久美・辻本哲郎 編
A5判・160頁・定価 3,045円

古来より日本人になじみの深いアサリ。しかしその数が激減して久しい。いかにして、資源量の回復は可能なのか。本書では漁場環境改善の取り組み、アサリの初期生活史の解明とそれに適応した漁場環境づくり、貧酸素水塊の問題とアサリへの影響、またアサリ生息環境の改善を目指した流通圏環境管理手法の開発ついての最新情報を提供する。

水産学シリーズ 157
森川海のつながりと河口・沿岸域の生物生産

山下 洋・田中 克 編
A5判・154頁・定価 3,045円

陸域，海洋，河川の自然環境の回復はそれぞれ切り離して考えることは出来ない．相互に連関しているからだ．本書はこの連環構造を科学的に解明し環境保全の施策を打ち出す上での貴重なデータ・考察を提供．口絵で陸域と河川・海洋の関係が一目でわかるイラストを配置，また巻末に重要事項の解説を付した．環境保全に関わる人の必携書．

水産学シリーズ 156
閉鎖性海域の環境再生

山本民次・古谷 研 編
A5判・166頁・定価 2,940円

水質改善のみならず生物の生息環境保全を実現することが閉鎖性海域においては重要な課題となる．東京湾，大阪湾，広島湾など全国9閉鎖性海域を取り上げ，それぞれ進められている再生の取り組みの現状と検証を簡潔に纏め，今後の再生の方向性を多角的に提起．Ⅰ部総論で水圏の物質循環と食物連鎖の関係など基礎的な事柄を解説．

環境配慮・地域特性を生かした
干潟造成法

中村 充・石川公敏 編
B5判・146頁・定価 3,150円

生命の宝庫である干潟は年々消失し，「持続的な環境」を構築していく上で，重大問題となっている．そこで今，様々な形で干潟造成事業が進められているが，環境への配慮という点からはまだ不十分だ．本書は，基本的な干潟の機能・役割・構造を解説し，その後環境に配慮した造成企画の立て方，造成の進め方を，実際の事例を挙げ解説．

瀬戸内海を里海に

瀬戸内海研究会議 編
B5判・118頁・定価 2,415円

自然再生のための単なる技術論やシステム論ではなく，人と海との新しい共生の仕方を探り，「自然を保全しながら利用する，楽しみながら地元の海を再構築していく」という視点から，瀬戸内海の再生の方途を包括的に提示する．豊穣な瀬戸内海を実現するための核心点を簡潔に纏めた本書は，自然再生を実現していく上でのよき参考書．

定価は消費税5%を含む

恒星社厚生閣